内容简介

时值中国共产党成立90周年，应中国农业出版社要求，编写一本介绍人兽共患病的科普书，使广大人民群众了解人兽共患病对畜牧业生产和人类健康造成的危害，加强防范意识。为此，华中农业大学动物科技学院和动物医学院从事相关研究的14位专家精诚合作编写了这本《关注人兽共患病　关爱人类健康》。

全书共分17个专题，第1～3个专题为总论部分，介绍了人兽共患病的基本概念和防控措施，并分析了动物源性食品和宠物与人兽共患病的关系；后面13个专题分别针对13种重要人兽共患病进行详细阐述，重点介绍了这些疾病对人和动物的危害，提出这些疾病的防控措施。

全书尽量用通俗易懂的语言进行编写，内容翔实，形式多样。本书既可作为基层干部、群众的科普书，也可作为医学和兽医学工作者的参考资料。

三农热点面对面丛书

关注人兽共患病 关爱人类健康

郭爱珍　栗绍文　主编

中国农业出版社

图书在版编目（CIP）数据

关注人兽共患病　关爱人类健康／郭爱珍，栗绍文主编．—北京：中国农业出版社，2011.9
（三农热点面对面丛书）
ISBN 978-7-109-16005-7

Ⅰ.①关…　Ⅱ.①郭…②栗…　Ⅲ.①人畜共患病-防治　Ⅳ.①R535②S855.9

中国版本图书馆 CIP 数据核字（2011）第 168112 号

中国农业出版社出版
（北京市朝阳区农展馆北路 2 号）
（邮政编码 100125）
责任编辑　颜景辰

中国农业出版社印刷厂印刷　　新华书店北京发行所发行
2011 年 10 月第 1 版　　2011 年 10 月北京第 1 次印刷

开本：850mm×1168mm　1/32　　印张：5.75
字数：90 千字　　印数：1～5 000 册
定价：15.00 元
（凡本版图书出现印刷、装订错误，请向出版社发行部调换）

谨以此书献给

中国共产党成立90周年

编　写　人　员

主　编　郭爱珍　栗绍文

副主编　刘正飞　孟宪荣　周艳琴

编　者　王　倩　刘正飞　牟林琳

　　　　孟宪荣　张安定　陈颖钰

　　　　周红波　周艳琴　胡长敏

　　　　郭爱珍　栗绍文　曹胜波

主　审　何启盖　赵俊龙

出版说明

“三农”问题是党和国家工作的重中之重，在不同时期表现出不同的热点难点。围绕这些热点难点，自2004年以来，党中央连续发布了8个“三农”问题的一号文件，不断推动“三农”工作。

当前“三农”热点难点问题主要有：如何推进农业现代化，如何加快新农村建设，如何统筹城乡发展，如何发展现代农业，如何加快农村基础设施建设和公共服务，如何拓宽农民增收渠道，如何完善农村发展的体制机制以及农民工转移就业、农村生态安全、农产品质量安全，等等。这些问题是一个复杂的社会问题，解决“三农”问题需要社会各界的共同努力。中国农业出版社积极响应党中央和农业部号召，围绕中心、服务大局，立足“三农”发展现实需求，围绕“三农”热点难点问题，坚持“三贴近”原则，面向基层农业行政、科技推广、乡村干部和广大农民，组织专家撰写了《三农热点面对面丛书》。

本丛书紧密联系我国农业、农村形势的新变

化，重点围绕发展现代农业和推进社会主义新农村建设，对当前农民和农村干部普遍关注的党的强农惠农政策、农业生产、乡村管理、农民增收和社会保障以及新技术应用等热点难点问题，采用专家与读者面对面交流的形式，理论联系实际，进行深入浅出的回答，观点准确、说理透彻，文字生动、事例鲜活，图文并茂、通俗易懂，具有较强的针对性和说服力。在运作方式上，根据理论联系实际的要求，针对“三农”问题的阶段性特点，分期分批组织实施。丛书突出科学性、针对性、实用性，力求用新技术、新观点、新形式，达到“贴近农业实际、贴近农村生活、贴近农民群众”的要求。

本丛书是广大基层干部、农民和农业院校师生学习和了解理论和形势政策的重要辅助材料，也是社会各界了解“三农”问题的重要窗口。希望本丛书的出版对推动“三农”工作的开展和“三农”问题的研究提供有力的智力支持，也希望广大读者提出好的意见和建议，以便我们更好地改进工作，服务“三农”。

2011年6月

CONTENTS 目录

一、认识人兽共患病

人兽共患病的概念

根据世界卫生组织（WHO）和联合国粮农组织（FAO）专家委员会1959年的定义，人兽共患病是指在人类和其他脊椎动物之间自然传播的疾病和感染，即人类和其他脊椎动物由同一种病原体引起的、在流行病学上相互关联的一类疾病。这里提的“自然感染”实际上是指人和其他脊椎动物都可以感染某种病原体，而且这种病原体可以在人和这些脊椎动物之间在自然条件下通过不同的方式，直接或间接进行传播。而“感染”是表明有些病原体侵入人和动物后并不一定引起临床症状，即不一定形成疾病，而有可能仅引起不同程度的病理和生理反应。

动物在饲养过程中可能患各种各样的疾病，这些疫病的发生和流行，不但会给畜牧业造成重大经济损失，而且许多是人兽共患病，人们若接触病畜禽或其产品，或者食入病畜禽的动物源性食品，就有可能导致感染和疾病。世界上已知的人兽共患病有250多种，其中对人有重要危害的约有90种。据WHO统计，60%的已知传染病是人和动物（家养或野生动物）共患的，75%的新发人类疾病来源于动物，80%的可能用于生物恐怖的病原是人兽共患的。因此，必须高度重视人兽共患病的防控，才能从源头上保障人类健康。

知识点

农业部会同卫生部颁布的《人畜共患传染病名录》(2009.1)：牛海绵状脑病、高致病性禽流感、狂犬病、炭疽、布鲁氏菌病、弓形虫病、棘球蚴病、钩端螺旋体病、沙门氏菌病、牛结核病、日本血吸虫病、猪乙型脑炎、猪Ⅱ型链球菌病、旋毛虫病、猪囊尾蚴病、马鼻疽、野兔热、大肠杆菌病（O157：H7）、李氏杆菌病、类鼻疽、放线菌病、肝片吸虫病、丝虫病、Q热、禽结核病、利什曼病。

人兽共患病流行的基本条件

人兽共患病流行的基本条件与传染病相似，必须具备三个相互连接的环节，即传染源、传播途径、易感宿主（人和动物）。病原体从感染的机体（传染源）中排出，在外界环境中存留，经过一定的传播途径侵入新的易感宿主而形成新的感染。当这些环节同时存在并相互联系时，就会造成人兽共患病的流行，而控制好这三个环节，即可有效控制人兽共患病的流行。因此，必须首先了解人兽共患病的这三个环节。

（一）传染源

病原体在其中寄居、生长、繁殖，并能排出体外的人和动物称为传染来源或传染源。传染源就是受病原体感染的人和动物，包括患病动物、患人兽共患病的病人及病原携带者。

1. 患病动物 多数患病动物在发病期排出病原体数量大、次数多，传染性强，是主要传染源。如开放性鼻疽病马，随鼻汁或黏膜溃疡分泌物不断地排出病原体，易于发现和隔离处理。但临床症状不典型的慢性鼻疽，不易被发现，虽然排出病原体数量较少，也是危险的传染源。

2. 患人兽共患病的病人 如患炭疽、布鲁氏菌病、结核病等的病人，排泄物、分泌物中含有病原体，排到环境中可造成动物和其他人感染。

3. 病原携带者 指外表无症状但携带并排出病原体的动物和人，其排出病原体的数量一般不及患病的动物和人，但由于缺乏症状，往往没有受到重视，是更危险的传染源。如果检疫不严，还可以随运输动物远距离散播到其他地区，造成新的传播。病原携带者又可分为三类：

（1）潜伏期病原携带者 病原体感染动物和人

以后，需要进行增殖直至超出机体抵抗力的范围，才能引起发病，这一段时间称为潜伏期。多数患病动物和人，在潜伏期不具备排出病原体的条件。但少数疫病在潜伏期后期能够排出病原体，也可以成为传染源。

（2）病后病原携带者　一般当患病动物和人临床症状消失后，各种机能障碍基本恢复，其传染性很小或无传染性。但有些疫病临床痊愈的恢复期仍然能排出病原体，甚至可延续终身。

（3）健康病原携带者　指过去没有患过某种疫病，但却能排出该种病原体的动物或人。一般认为是隐性感染或健康带菌现象。

病原体自动物体内排出后，可以在排泄物、分泌物内存留一定时间，有的病原体可在粪便、用具及土壤里存活。

（二）传播途径

病原体由传染源排出后，经一定方式再侵入其他易感动物所经过的路径称为传播途径。传播途径根据病原体在传染源和易感动物之间的世代更替方式，可分为水平传播和垂直传播。

1. 水平传播　病原体在群体之间或个体之间以水平形式传播。根据传染源和易感动物接触传递病原体的方式，水平传播又可分为直接接触传播和间接接触传播。

（1）直接接触传播　病原体通过传染源与易感动物直接接触，如舐咬、交配、皮毛接触等发生传播的方式。如狂犬病病毒、外寄生虫的传播多以直接接触为主要传播方式。

（2）间接接触传播　病原体通过生物或非生物性媒介物使易感动物发生感染的传播方式。从传染来源将病原体传播给易感动物的各种外界环境因素称为传播媒介。大多数动物疫病如结核病等以间接接触为主要传播方式。

2. 垂直传播　病原体从上一代动物传递给下一代动物的方式。一般有三种情况：

（1）经胎盘传播　病原体经受感染的孕畜胎盘传播感染胎儿。如弓形虫病。

（2）经卵传播　病原体由污染的卵细胞发育而使胚胎受感染。

（3）经产道传播　病原体经孕畜阴道通过子宫颈口到达绒毛膜或胎盘引起胎儿感染，或胎儿从无菌的羊膜腔穿出而暴露于严重污染的产道时，胎儿经皮肤、呼吸道、消化道感染源于母体的病原体。可经产道传播的病原体有大肠杆菌和链球菌等。

（三）易感动物

动物对某种病原体缺乏免疫力而容易感染的特

性称为易感性，对某种病原体有易感性的动物称为易感动物。动物群体的易感性是影响动物疫病蔓延流行的重要因素，它反映动物群体作为整体对某种病原体易感的程度。没有一定毒力和数量的病原体，就不会引起相应的感染或疾病。但病原体侵入易感动物，是否一定引起感染，在更大程度上还取决于宿主动物的防御状态和防御能力，而宿主动物的防御状态和防御能力通常由诸多因素所决定。

1. 宿主抗感染免疫的遗传特性　动物由于种属、品种和品系的不同，对同种病原体或者不同病原体在易感性方面存在很大差别，这种差异是由种属免疫的遗传特性决定的。如炭疽杆菌常引起牛和羊的急性感染，对猪则多引起局限性感染；白来航鸡对鸡白痢沙门氏菌感染的抵抗力较其他品系的鸡强。因此，许多科研工作者一直想通过筛选特异性抗病基因进行抗病育种来提高动物的抵抗力。某些病原体对宿主动物的感染常表现出年龄倾向特征，即病原体只对一定年龄的动物发生感染，如布鲁氏菌主要感染性成熟动物，沙门氏菌和大肠杆菌以感染幼龄动物为主。

2. 宿主个体免疫系统的发育　宿主个体免疫系统的良好发育是抵抗感染的根本保证，如果免疫系统在个体发育时期形成缺陷或遭受某种免疫抑制性疾病感染，则容易发生病原体感染。如人的艾滋病可造成免疫机能缺陷，从而使结核病、弓形虫病等的发生率大大增加。所以，对于人和动物来说，应该特别重视免疫抑制性疾病的防控。

3. 非特异性免疫作用 非特异性免疫作用由动物机体正常组织结构、细胞以及体液成分所构成，是先天性的，其发挥的抗感染作用缺乏针对性。非特异性免疫作用主要包括宿主的表皮屏障、血脑屏障、血胎屏障、吞噬细胞的吞噬作用以及正常细胞免疫因子的作用等构成。

4. 获得性免疫作用 宿主动物耐过某种病原体感染或经免疫接种后，可获得特异性的抗感染能力，又称为特异性免疫。宿主动物的特异性免疫状态对抵抗感染有着十分重要的意义。因此，在生产中常常通过注射疫苗使人和动物获得对某种或某些疾病的特异性抵抗力。

5. 宿主动物的营养状态 宿主动物的营养状况与感染的发生之间存在着很重要的相互作用。一方面，营养状况影响免疫力，进而影响抵抗病原体感染的能力；另一方面，病原体引起的感染又影响宿主生长代谢和营养需求。所以，目前普遍认同“防重于治，养重于防”的观点，强调了对人加强营养，对动物加强饲养管理的重要性。

需要特别注意的是，气候因素、生物性传播媒介、应激因素、生产因素、环境卫生状况以及控制疾病发生的措施等许多外部环境因素可影响动物疫病发生。比如气候因素对动物感染病原体有着重要的影响，适宜的温度、湿度、阳光等因素影响病原体的增殖和存活时间。节肢动物、啮齿动物以及非宿主动物（包括人）的活动影响病原菌的散播。如高寒、过热、断水、饥饿、维生素缺乏、矿物质不足以及寄生虫侵袭等应激因素，以及长途运输、过度使役、高产应激、断喙、拥挤饲养、通风不良等生产因素影响宿主动物的抵抗力。环境卫生状况差、污物堆积、蚊蝇滋生、虫鼠活跃等因素有利于病原体的存活和传播。

人兽共患病的流行现状

20 世纪 70 年代末，人类消灭了天花，在我国鼠疫、霍乱、麻疹、脊髓灰质炎等烈性传染病得到了有效控制或趋于消灭，这无疑是我国公共卫生领域取得的巨大成就。但近 10 多年来，人和动物疫病的发生和流行呈现出许多新的特点。新发传染病出现速度越来越快，世界范围内几乎每年新出现一种，如 2002 年暴发了严重急性呼吸综合征（SARS）。一些老病原出现新的致病血清型，“跨物种感染”日益频繁，如禽流感病毒 H5N1 和猪Ⅱ型链球菌。原本已被有效控制的一些古老人兽共患病在我国的发病率又有较大回升，如结核病、布鲁氏菌病等。这些不仅对我国目前的公共卫生状况提出了巨大的新挑战，也对人民的健康或生命构成了巨大的威胁。

（一）“旧的”人兽共患病发病率和致死率上升

近年来，一些已被有效控制或接近被消灭的人兽共患病卷土重来，大有蔓延之势。不仅布鲁氏菌病、结核病、大肠杆菌病等细菌性疾病发病率上升，而且某些病毒性和寄生虫性人兽共患病的发病也出现增多。人布鲁氏菌的唯一传染源是感染和发病家畜，1992 年全国只有布鲁氏菌病病人 219 人，2010 年卫生部公布的布鲁氏菌病病人数为 33 772 人。我国是全球 21 个结核病高负担国家之一，排名仅次于印度，居世界第二位，2010 年我国结核病病人为 991 350 人。狂犬病是迄今为止人类病死率最高的急性传染病，一旦发病，死亡率高达 100%。在我国，狂犬病曾一度得到比较好的控制，但近年来狂犬病疫情呈连续上升趋势。一度平息的血吸虫病也出现回升，据统计，2003 年全国有血吸虫病病人 84 万，比 2000 年增加了 15 万。目前的疫情形势仍十分严峻，血吸虫的中间宿主钉螺的污染水系呈上升趋势并有向北扩散的态势。另外，流行性乙型脑炎、钩端螺旋体病、包虫病等近年来屡有发病的报道，而且发病率也呈上升趋势。

（二）出现新的人兽共患病病原体或病原体宿主谱改变

新出现人兽共患病是指由于病原微生物或寄生虫的改变或进化而引起的新感染和疾病，其宿主范围、传播媒介、致病性或病毒（菌）型或株出现新的变化，也包括曾经发生但过去未被认识的感染和疾病。以高致病性禽流感 H5N1 为代表的新出现的人兽共患病，严重地威胁着禽类和人类的安全。禽流感病毒的易感动物本来为家禽和野生鸟类，但自 1997 年以来，接连发生了几个亚型的禽流感病毒感染人而致病或致死的报道。此外，SARS、疯牛病、新型汉坦病毒、亨德拉病毒、尼帕病毒、猴痘病毒和西尼罗病毒（WNV）等新病原体出现或感染新的宿主，成为新的人兽共患病，给人类带来了严重的威胁。

各物种的一些特有病原本身可能具有或者通过不断进化而获得感染其他物种的能力。因为人类入侵野生动物的生态环境、人食用野生动物，或城市化工业建设导致野生动物的栖居地破坏，野生动物被迫闯入人类的生活空间等原因，不同物种的特有病原出现跨物种感染，尤其是动物病原感染人。新感染的物种以前从未接触过这类病原，没有抵抗这类病原的免疫力，因此往往出现新疫病的暴发，导致比较大的伤亡。人类历史上几次由于流感新毒株的出现导致流感大流行，造成数千万人的死亡；艾滋病毒（HIV）从动物感染人后给人类造成了巨大危害，近期发生的埃博拉病毒、尼帕病毒和亨德拉病毒等对人的致死率达到甚至超过天花的致死率等，这些事实充分说明了自然存在的病原跨物种感染后将对新物种特别是对人类健康造成巨大危害。

人兽共患病流行的原因分析

近年来，随着人口数量的增加以及人类活动范围的扩大，动物栖息地和自然生态环境不断被改变，野生动物和病原生物多年自然进化形成的稳定状态遭到破坏，一些本来与人不直接接触的病原微生物直接与人亲密接触，例如人类对原始森林的过度采伐和对野生动物的猎杀与捕食，将许多病原微生物暴露在人类面前，直接对人类自身造成了威胁。据报道，人艾滋病病毒已在南部非洲的一种黑猩猩体内被发现，该地区的艾滋病普遍流行与当地人捕食这种黑猩猩有关。人类对家畜（禽）高密度、集约化饲养以及其他畜牧业方式的改变，各种应激因素的作用和兽药的滥用，改变了动物机体的免疫状态，导致病原微生物的大量繁殖并在动物群中迅速蔓延和流行，并不断发生遗传变异。大量的疫苗免疫接种和抗生素的滥用，又加快了病原体变异的速度，致使抗原性和耐药性发生改变的菌（毒）株不断产生。近年来国际贸易和人员往来不断增加，特别是动物及动物产品国际间的频繁流动，同时由于交通工具的现代化使交流速度越来越快，导致疫病跨地区、跨国界的传播速度和传播面迅速扩大，疫病的发生和流行日益呈现全球化的趋势。人类活动导致了气候和土壤等自然生态环境的改变，如大气变暖，从整体上改变了各种生物的生存环境和生物种群之间的相互关系，使人时刻受到动物、食品和水源等传播疾病的威胁。

兽医是一个古老的职业，但其地位长期以来一直没有受到重视，被认为是低人一等的职业，自古至今兽医都被社会所歧视，甚至将没有道德的医生称为兽医。其实兽医在保障人类和动物健康方面发挥着重要的作用。首先是防治动物疾病，为畜牧业的健康发展提供保障。在中国，每年动物疾病给畜牧业造成的直接损失超过 200 亿元。因此，防治动物疾病，对于畜牧业可持续发展和农民增收有着非常重要的意义。然而，兽医还有其他重要的作用，社会公众对其缺乏应有的认识，如在保证动物源性食品安全、控制人兽共患病、开展生物实验医学研究、保障动物福利等方面。正是由于对兽医职业认识上的偏见，兽医的作用没有得到充分地发挥。近年来我国发生的一系列人兽共患病的流行事件，充分暴露了我国现行公共卫生体系对动物防疫在人兽共患病中的作用明显重视不足，包括经费投入、人员等。可喜的是，“一个世界，一个医学，一个健康”（One World，One Medicine，One Health）的兽医、人体一体观已日益被各界人士所接受，兽医和人医的紧密合作将为人兽共患病的有效防控开创新的局面。

人兽共患病防控策略

1. 必须提高对人兽共患病的认识 新中国成立以来，党和政府高度重视大规模人传染病的防控，积极采取措施，对许多疾病进行了有效的计划免疫，加之生活水平和个人防护意识的提高，大规模的流行病很少发生，从而导致人们对人传染病有所忽视，对流行病学研究、相关设备的配置、专业人员的数量及相关知识与技术的培训等的投入都严重不足，严重地削弱了应对突发性公共卫生事件的能力。再者，长期以来对兽医的轻视和偏见，也使广大人民群众甚至于在一线工作的医务人员对禽流感、疯牛病、西尼罗热等动物源性疾病或人兽共患病的认知度普遍较低，这也十分不利于这些疫病的预防与控制。因此，必须通过加强宣传力度，使人们对人兽共患病的危害和防控有更加深刻的认识。

2. 必须加强人兽共患病的监测 人兽共患病的监测对于其防控具有重要的意义，尤其是在动物领域兽医对人兽共患病的监测。回顾近期发生的一系列动物源性病原感染人的事件，绝大多数是人的感染出现在动物感染病例之后，如美国每年发生的人西尼罗热病例都是在监测到蚊、鸟或马等动物感染之后，而人感染禽流感病毒也是在禽类暴发禽流感后发生的。因此，只有加强兽医对动物疫病的监测，客观、准确、及时地掌握了动物疫病的发生和发展趋势或规律，才能够预先采取适当的措施，防止人被感染发病。即使偶然出现人被感染的病例，也可以主动采取有效措施，迅速控制和消灭疾病的蔓延和流行。

3. 必须重视人兽共患病的严格控制　许多人兽共患病传染性强，流行快，一旦发病往往可以迅速蔓延，从而造成严重的危害。因此，当监测过程中发现人和动物发生人兽共患病时，必须及时采取有效措施加以控制。对于人来说，主要采取隔离治疗、封锁、消毒、紧急注射疫苗等措施；对于动物来说，主要采取扑杀、销毁、封锁、隔离治疗、消毒、紧急免疫接种等严格控制措施。

4. 必须加强兽医和人医领域的广泛协作　由于人兽共患病涉及动物和人，许多人兽共患病的发生是由动物传染给人造成的，因此必须重视兽医和人医之间的协作。然而，长期以来兽医和人医两个体系从行政主管部门到机构编制、人员设置甚至研究领域之间都缺乏合作，这种现象很难应对目前面临的众多新出现或重新流行的人兽共患病原对人的威胁。在一些发达的国家，这种人医、兽医一体化的公共卫生体系已经初步形成，并在一些人和动物共感染疾病的控制上显示了很大的优势和成效。我国自禽流感疫情暴发之后，出现了一些可喜的进步，从国家到地方建立了防治人兽共患病的合作互动机制：成立人兽共患病防治联合工作组，共同开展人兽共患病的监测和防治知识的宣传工作；建立信息沟通制度，共享疫病防治基础设施，联合开展技术攻关；共同完善人兽共患病应急预案等工作。但还应加强对“一个世界，一个医学，一个健康”的认识，进一步强化兽医和人医领域的多方面合作和交流，形成健全、完善的“人兽共患病”联防联动机制。

知识点

2000 年世界兽医协会提出将每年 4 月最后一个周六作为世界兽医日，要求每个成员国通过组织和参与自己领域的活动和事件进行庆祝。2010 年世界兽医日的主题为“同一个世界，同一个健康（One World，One Health）”，表明世界已经认同动物疾病和人类健康之间的密切联系，高度重视兽医和医学的协作。从动物健康角度看，所有国家应该承诺建立动物疫病暴发的早期监测机制，允许兽医针对动物疫病快速实施任何必需的预防和控制措施。从人体健康角度看，所有国家应采取兽医和人医联合机制来控制人兽共患病，尤其是疾病的预防和暴露后处理等。

二、民以食为天 食以安为先

——谈动物源性食品安全与人兽共患病

动物源性食品是指来源于动物的食品，主要包括肉、奶、蛋及其制品，如火腿肠、奶粉、蛋糕等。随着人们生活水平的不断提高，对食品的要求也越来越高，动物源性食品在广大消费者的食品中所占的比例日益增大，动物源性食品的安全也得到了各界的高度关注。然而，近年来，频频出现的食品安全事件，如2008年的三聚氰胺奶粉事件、2010年的“小龙虾中毒”事件、2011年的“毒黄瓜”事件等，严重影响了人们的身心健康，也造成了社会的恐慌，甚至出现“谈食色变”的程度。另外，许多人兽共患病可以通过动物源性食品传播，动物体内存在的食源感染性病原可进入人体内，造成人类感染或发病。因此，必须高度重视动物源性食品的安全监督与管理。

动物源性食品的常见病原

动物源性食品可存在细菌、病毒、寄生虫等各种各样的生物性病原，进入人体后可导致人兽共患病或食源性中毒的发生，严重威胁人类的健康。

1. 食源性感染细菌 许多病原菌可以在动物源性食品中存在，对人类健康造成威胁。如2005年四川发生的人 猪链球菌病，很多患者都是因为食用病死猪后被感染，而这种现象在我国并不少见。许多新闻报道，结核病患病奶牛牛奶中存在牛分支杆菌，当这些牛奶未经充分消毒而被人饮用后，会引起人结核病发生，这可能也是最近结核病发病率增加的原因之一。沙门氏菌是健康动物肠道大量存在的机会致病菌，当其大量繁殖后进入食品，污染的食品被人食用后可引起食物中毒，该病原也是多年来一直危害最为严重的食源性致病菌。乳房炎是奶牛饲养面临的主要问题之一，其主要病原之一为金黄色葡萄球菌，该细菌大量繁殖时可产生肠毒素，并可在牛奶中存在，而且经过常规的消毒方法并不能破坏这些毒素。当人们食用污染的牛奶后就会引起食物中毒的发生。另外，空肠弯曲菌、副溶血弧菌、致病性大肠杆菌O157：H7、单核增生性李斯特菌等都是可存在于动物源性食品中的重要食源菌，但人类食用被这些细菌污染的动物源性食品后，可引起人类发生人兽共患病或者食源性中毒。2010年卫生部公布的食物中毒报告中，微生物性食物中毒的报告起数和中毒人数最多，分别占总数的

36.82%和62.10%，其中最主要的仍然是细菌性食物中毒。

表1　2010年卫生部公布的食物中毒情况

中毒原因	报告起数	中毒人数	死亡人数
微生物性	81	4 585	16
化学性	40	682	48
有毒动植物及毒蘑菇	77	1 151	112
不明原因	22	965	8
合计	220	7 383	184

小知识

世界上最大的一起动物源性食品中毒是1953年瑞典7 717人吃猪肉引起鼠伤寒菌食物中毒，死90人。我国1972年青海省同仁县1 041人吃牛肉引起圣保罗菌食物中毒。1984—2005年17次人类沙门菌病暴发（至少7次是鼠伤寒沙门菌和肠炎沙门氏菌）来自肉及其产品，多发于北美和欧洲，病菌来源是生的碎猪肉，煮过的鸡肉和火鸡肉，生的、碎的和烤的牛肉、肝、熟食肉、烤肉串等，6次暴发有100～400个病例，4次暴发有600～850个病例，2005年西班牙1次暴发有2 100多个病例。

2. 食源性感染病毒　人们对食品中病毒的情况了解很少，主要是由于病毒存活必须依赖于活的细胞，在食品中病毒存在的机会很多，但存活力和繁殖力非常有限，不易达到对人类感染的程度。食品中存在的主要食源性感染病毒是肠道病毒，如轮状病毒、诺瓦克病毒、冠状病毒、甲型肝炎病毒、戊型肝炎病毒等。这些病毒污染的食品被人类食用后有可能引起人兽共患病的发生。另外，国际上高度关注的由朊病毒引起的疯牛病，人类感染的一个主要原因也是食用了病牛肉及其制品。因此，动物源性食品中存在的病毒也同样值得关注。

小知识

1988 年 1 月初，上海发现食毛蚶引起急性甲肝 20 多例，1 月 19 日起全市甲肝病例急剧上升，持续约 30 天，发病 292 301 例，死亡 11 例。而食用贝类引起大规模甲肝暴发史无前例。

3. 食源性感染寄生虫 寄生虫通过食品感染人的现象非常多见，感染的结果往往造成严重威胁人类身心健康。比如，目前生猪屠宰中必须进行检验的旋毛虫和囊尾蚴，就是两种重要的食源性感染寄生虫，可造成人类感染发病，甚至引起死亡。弓形虫也愈来愈受到关注，一方面它是饲养宠物猫时必须高度重视的一种病原，同时它也是存在于猪、禽等多种动物体内的一种重要病原，同样可以通过动物源性食品造成人类感染。前几年国内报道的福寿螺事件也是由于管圆线虫造成人类的感染。另外，隐孢子虫、住肉孢子虫、蛔虫、华支睾吸虫等也是主要的食源性感染寄生虫。

小知识

福寿螺事件：1997年11月7～20日温州市某医院收治18例病人，均有食用福寿螺史。福寿螺中Ⅲ期幼虫感染率69.49%。1997—2004年间病例增至近100例，最北感染病例在辽宁。2006年5月22日一名34岁男性在蜀国演义酒楼食用“凉拌螺肉”，30日双肩疼痛、颈部僵硬，随后肋部及颈部皮肤感觉异常、有刺痛感，接触凉水、凉风后加重，6月10日活动、翻身、走路时头痛加重，恶心。同一天进餐的同事也出现相同症状。至9月2日，北京市临床诊断131例，其中重症25例，无死亡。

读者提问

影响动物源性食品安全的化学性有害因素有哪些？

回答：动物源性食品中存在的化学性有害因素很多，总体来说包括如下几个方面：

1.兽药残留　在动物饲养过程中由于动物患病，常常需要大量使用兽药，这些兽药对于畜牧业发展起到了重要作用。然而，许多饲养场对兽药不合理使用，比如缺乏药敏试验进行兽药的合理选择、使用兽药剂量过大、盲目使用新兽药、不遵守休药期的有关规定等，常常造成动物源性食品中的兽药残留，从而给人类健康带来不同程度的危害。主要危害包括：① 细菌耐药性的产生。这也是目前畜牧业生产和人类健康面临的重要威胁。大量数据表明，细菌耐药性的程度愈来愈严重，甚至形成了广谱耐药菌或者超级细菌，而且耐药细菌可进行不同细菌之间的转移。当这些耐药细菌造成人和动物感染时，由于没有合理的药物可供选择，患者所能做的事情只能是听天由命。② 机体菌群的失调。正常情况下人和动物体内环境常常处于细菌的平衡状态，不同细菌菌群之间的相互作用对于维持机体正常功能是非常重要的。食入人体内的残留兽药常常会导致机体内菌群发生紊乱，一部分细菌受到抑制，而另一部分细菌可能会大量繁殖，从而破坏正常机体机能。③ 过敏反应。如果人们长期接触低浓度的兽药，也会导致以后人类使用这些药物时发生过敏反应，造成不可预测的危害，甚至威胁生命。④ 特殊毒性。如痢特灵可导致癌症的发生，磺胺类药物可导致肾脏功能发生障碍，链霉素可损害听神经，等等。

更为重要的是，许多目前还未被批准使用或者已经被禁止使用的化学物质被饲养者使用，如近 10 年来受到广泛关注的瘦肉精，导致三鹿奶粉公司破产的三聚氰胺等。瘦肉精是一类 β－肾上腺素类物质，是治疗人类哮喘的一种特效药物，对人体是有利的；在猪使用后可降低脂肪沉积，提高瘦肉率，所以可以给饲养户带来暴利。然而进一步的研究发现，其进入人体后可导致心血管机能失常，造成严重的危害。所以国际和国内都禁止该物质用于食品动物。但由于该物质可使饲养户获得高利益，违禁添加瘦肉精事件屡有报道。

2.农药污染　长期以来，农药在种植业中广泛使用，对于增产增收、抗虫去病等均发挥了重要作用。这些物质也可以经过食物链进入动物性食品，被人类食用后会对人类健康带来严重的威胁。如以前曾广泛使用、目前已经禁止使用的有机氯农药，可引起脑神经衰弱、肿瘤等严重危害；有机磷农药可引起急性中毒死亡或慢性神经机能紊乱；

灭鼠药可导致人类死亡，等等。

3.食品添加剂　食品生产过程中，常常使用各种各样的食品添加剂，以起到发色、增味、防腐等作用。食品添加剂的合理使用是没有任何问题的，但目前面临的主要问题是许多食品添加剂被超量或不合理使用，甚至不允许添加的化学物质被加入到食品中作为添加剂。例如，亚硝酸盐是食品中常用的一种添加剂，合理使用可起到发色和防腐作用，但不合理使用可能造成急性中毒导致缺氧死亡和慢性中毒导致肿瘤等危害。三聚氰胺不是一种食品添加剂，但被加入到牛奶中可提高其中的氮含量，从而增加蛋白质的检测水平，该物质如果被人类长期食用后可引起肾结石。

4.环境污染　目前的环境污染问题也是深受人民关注的话题。随着工业生产的不断完善，化学污染愈来愈显得严重，包括水、空气、土壤全方位的污染已使我们无处可逃。汞、镉等重金属的污染已经造成了水俣病、骨痛病等严重危害，二噁英事件也引起了全世界的注目。因此，加强环境污染的控制对于保障动物源性食品安全也至关重要。

如何保障动物源性食品安全？

由于动物性食品的安全隐患涉及从动物的饲养到动物性食品的生产、加工、储藏、运输、销售、烹调等多个环节，因此保障动物源性食品安全和消费者饮食健康是一个复杂而又漫长的系统工程。据此，本文针对不同部门提出如下建议：

1. 政府管理部门 加强动物源性食品安全生产的法制建设和全程监管力度，加强动物源性食品中有害物质的监督检测工作，注重不同部门之间的配合协调，增加食品安全检测体系和检验技术的研究投入，提高食品安全监督和检验人员的综合素质，加大动物源性食品安全的宣传，进一步强化对食品安全违法事件的处理力度。

2. 生产经营部门 在动物养殖环节，重点是加强动物疫病防控，尤其是重要的人兽共患病，主要措施包括加强饲养管理，提高动物机体的抵抗力，制定合理的免疫程序进行疫苗免疫；如果发生重大动物疫情，应严格按照《中华人民共和国动物防疫法》的规定进行上报、隔离、封锁扑杀和无害化处理等措施，避免疫情蔓延，导致更大的经济损失；不得隐瞒动物疫情，也不得随意公布重大动物疫情信息；尽量避免使用抗生素药物，如果预防和治疗动物疾病必须使用抗生素，一定要按照规定剂量和方法合理、规范地使用兽药，包括合理配伍用药等，严格遵守国家关于休药期的有关规定，避免动物源性食品中的兽药残留超标。食品生产人员也要增强食品安全意识，禁止滥用食品添加剂。

3. 消费者 虽然目前出现了许多食品安全事件，但总体来说我国的食品仍然是相对安全的。对于消费者来说，需要增强食品安全观念，但同时要客观地看待媒体上宣传的食品安全事件，因为有些问题只是个例，有些添加剂在合理使用情况下也不会对人体健康造成威胁，切忌过分夸大食品安全危机，引起社会的恐慌。一定要购买正规厂家生产的动物源性食品，特别要注意检疫标志和生产日期。需要低温保存的食品买回后一定要存放在低温环境，以免食品腐败变质。食用前一定要注意养成良好的饮食习惯，千万不要吃未经充分煮熟的肉类食品，因为食品中存在的大多数致病微生物经过充分加热后都可以被杀死。

深层次阅读

孙锡斌.2006.动物性食品卫生学.北京：高等教育出版社.
柳增善.2010.兽医公共卫生学.北京：中国轻工业出版社.

三、养宠物带来的公共卫生问题

宠物又称家庭动物或伴侣动物，指那些用于丰富人类精神生活，提高生活质量的动物，常是些适合于家庭饲养的小型动物。随着经济的发展，城市化进程的加快，生活水平的不断提高和人类社会的高龄化，饲养宠物之风日盛。不仅犬、猫、鸟、兔、猪、小鼠等作为宠物进入千家万户，就连以前很少见的豚鼠、蜥蜴、蛇等野生动物也逐渐成为家庭的宠物。国外发达国家盛行养宠物，近 2/3 的美国家庭至少拥有一只宠物，美国人每年花在宠物上的钱多达 359 亿美元。我国宠物养殖也在逐渐升温，广州市现有各类狗达 600 万只，其中不少是宠物狗，而猫及其他类宠物更难以计数。北京市宠物狗的数量已近 100 万只。哈尔滨市宠物数量逐年增加，现在也有十几万只。越是大都市，越是经济水平、综合实力和消费指数高的城市和地区，养宠物的数量和养宠物的家庭就越多。如美国是第一经济大国，也是第一宠物大国。上海、北京、广州是中国经济水平比较高的城市，同样也是中国家庭养宠物最多的城市。

养宠物的利与弊

我国宠物热现象的出现有多方面原因：①计划生育政策使家庭子女减少，子女往往因为上学或工作的缘故，难以对父母进行照顾，“空巢家庭”已日益成为一种普遍现象，宠物可以作为老人们交流的伴侣、感情的归宿和精神的寄托。②随着人们生活水平的提高和生活方式的个性化，饲养宠物已经成为一种时尚，使自己的生活更加丰富多彩。③随着竞争日趋激烈，人们承受的精神和工作压力越来越大，面临许多烦恼和困惑。宠物可以作为他们寻求精神解脱的对象，通过与宠物的交流，可以充实生活，缓解压力。④许多家庭饲养宠物作为人类亲近自然的机会，可以满足人类的心理需求。宠物能培养儿童的自信心和自尊心，领导欲和责任心，同情心和爱心，是儿童生动的教材和挚友。另外，宠物也发挥着特殊的作用，如导盲犬能帮助盲人引路等。

认识到宠物给人们带来积极作用的同时，也应看到宠物造成的许多社会难题。宠物影响公共卫生现象比比皆是。每到清晨或傍晚，大街小巷到处都是遛狗、遛猫的人，有的牵着，有的抱着，还有的干脆“放任自遛”，屡屡吓得胆小的孩子和大人使劲躲避，一不小心还会踩着宠物们布置的“地雷阵”，严重影响了环境卫生和城市形象。宠物扰民现象屡禁不止，在住所附近养宠物的人很多，屡屡半夜发生的狗和猫叫声扰得左邻右舍休息不好，影响次日的工作和生活。“宠物热”带来的交通事故和借机敲诈事件不断见诸媒体。宠物犬咬人致伤，甚至导致狂犬病发生致人死亡的事件屡见不鲜，被遗弃的宠物导致“流浪犬猫”的队伍日益壮大，给公共卫生带来严重威胁。更为重要的是，宠物作为多种人类疾病传播的重要载体，通过与人类之间的零距离接触，可以将许多人兽共患病传染给人，对人类健康造成严重的威胁。

1. 犬与狂犬病 狂犬病是一种古老的自然疫源性疾病，由狂犬病毒感染所致。WHO 报告，全球每年 5.5 万人左右死于狂犬病；亚洲每 10 分钟就有 1 人死于狂犬病，其中 40％为 15 岁以下儿童；我国狂犬病死亡人数居世界第二位，仅次于印度。近年来我国狂犬病发病和死亡人数居高不下，其主要原因是感染犬伤人所致。

2. 猫与禽流感 欧洲和亚洲已经出现了多起猫感染禽流感而死亡的病例。2007 年印度尼西亚有至少 100 只流浪猫感染禽流感，猫可通过食用鸟类而感染禽流感病毒。猫作为宠物被豢养后与人的距离更为接近，因此一旦它成为人兽共患病原的携带者，便会对人类构成更大的威胁。

3. 猫与弓形虫病 龚地弓形虫是一种专性细胞内寄生的原虫，可导致人先天性感染发病，如感染孕妇后可造成流产、早产、死产或引起胎儿畸形、智力障碍、眼病等。后天感染后也可致病，如急性患者可有淋巴结肿大，全身不适，低热，严重者可出现脑炎、肺炎、心肌炎等。人和哺乳动物是中间宿主，猫科动物是弓形虫发育的终末宿主，也是本病传播的重要传染源。

4. 犬与包虫病 包虫病是由棘球绦虫的幼虫棘球蚴引起的一种严重危害人体和动物健康的寄生虫病。成虫寄生在犬、狼、狐等动物小肠内，孕节和虫卵随粪便排出体外，人、羊等因为误食被虫卵污染的生肉、喝被虫卵污染的生水而导致感染，虫卵在体内发育成为棘球蚴，主要寄生在肝、肺、腹腔和脑等部位，造成严重的疾病。

5. 犬与旋毛虫病 旋毛虫病是由旋毛形线虫引起的一种人兽共患的寄生虫病，其宿主范围包含了几乎所有哺乳动物，被我国农业部列为二类动物疫病。临床特点主要是发热、肌肉疼痛和水肿、皮疹等。该病散在分布于全球，以欧美的发病率最高。我国主要流行于云南、西藏、河南、湖北、东北、四川等地。猪为其主要传染源，其他肉食动物如鼠、猫、犬等亦可感染。犬因食到动物尸体或粪便而易受到感染。

6. 犬与利什曼病 利什曼病是由利什曼原虫寄生于人和犬等动物的细胞内而引起的疾病。该病广泛分布于亚、非、拉、美洲的热带和亚热带地区，潜伏期一般为3～5个月，起病常缓慢。早期症状有发热、畏寒、出汗、全身不适、食欲不振等，是严重威胁人类健康和生命的人兽共患寄生虫病。该病主要通过媒介白蛉传播，偶有通过口腔黏膜、破损皮肤、输血或经胎盘传播，人对该病普遍易感，儿童和青少年发病多见。

7. 土拨鼠和猴痘 猴痘是由猴痘病毒感染所致的一种人兽共患病，通常在非人灵长类间传播。1958年，猴痘在丹麦首次被发现，当时许多猴子身上的伤口受到感染。1970年在刚果，猴痘开始在人出现，约有10%的感染者死亡。土拨鼠是一种平原上常见的野生啮齿动物，20世纪90年代以来逐渐成为美国宠物市场上的“明星”，每年平均有约2万只被捕来作为宠物销售，甚至远销日本。研究发现土拨鼠能够携带猴痘病毒，致人感染发病，甚至死亡。2003年，一种来自非洲的土拨鼠流入美国家庭，导致美国中西部地区暴发了猴痘，近百名成人及儿童受到感染。感染猴痘病毒的犬伤人后也能致人感染发病。

8. 鸟类与鹦鹉热 鹦鹉热又名鸟疫，是由鹦鹉热嗜衣原体引起的一种接触性传染病，能感染150余种鸟类。人或其他动物（宠物）吸入染病鸟类的羽毛或粪便变成的尘埃，或者被染病鸟类咬伤，可被感染。临床表现为发热、食欲不振，严重者可能出现非典型肺炎等病理变化。

如何避免养宠物带来的公共安全隐患？

随着宠物的不断增多，其对人类健康的威胁也日益增加。面对频频出现的宠物伤人的触目惊心事件，面对狂犬病发病率的与日俱增，我们不得不深思，是否应该饲养宠物？应该如何饲养宠物？对于宠物又应该如何进行管理？本文对各行业和人员应采取的措施简单介绍如下：

1. 政府部门应该加强立法，理顺宠物管理的行政部门之间的关系，明确管理部门的责、权、利，对宠物的注册、饲养、运输、销售、无害化处理等进行规范化管理，尤其是加强宠物主要人兽共患病的强制免疫和发病后的申报制度，加强对宠物狂犬病、弓形虫病等重要人兽共患病的流行病学监测工作，加强相关法规的宣传工作。严格管理宠物诊疗机构、宠物美容机构和诊疗人员，提高准入门槛，定期进行考核和培训，提高人员素质。

2. 宠物诊疗机构和人员应该严格遵守国家颁布

的《中华人民共和国动物防疫法》、《动物诊疗机构管理办法》、《执业兽医管理办法》和《乡村兽医管理办法》等规章制度，依法从业，在诊疗过程中发现重要人兽共患病应及时按照有关规定进行申报，并采取相应防范措施。

3. 宠物主人在宠物的管理方面负有重要的责任。宠物主人在饲养宠物前应考虑自己的经济实力，保证有足够的精力和财力对宠物进行注册、饲养、免疫和管理。刚刚购买的宠物最好到正规宠物医院进行全面体检，避免它们携带病原。饲养过程中宠物主人应遵守社会公德，遵守国家和地区制定的相关政策，科学豢养宠物，依法养犬、文明养犬，避免宠物伤人、宠物扰邻和随地大小便而污染环境，避免与宠物过分亲近而使宠物身上所携带的病原感染人。按照规定定期给宠物打疫苗，预防宠物疾病，

特别提示

准妈妈不适合养宠物。据美国的一项调查报告显示，怀孕妇女养宠物，会导致孕妇因弓形虫流产、胎儿畸形等问题。另外，研究人员还发现，孕妇养宠物，也许还会为子女患精神病埋下祸根。他们提醒说，弓形虫寄生在家禽和家畜身上，易通过消化道侵入人体。孕妇在怀孕前，不妨先做弓形虫检测。宠物自身携带的细菌，如果侵入人体会影响孕妇和小宝宝的健康。因此，为了孩子的身体健康，准妈妈最好还是不要养宠物。

确保宠物和人类健康。当宠物患病后应到正规宠物医院进行治疗，宠物死亡后应按照规定进行无害化处理，千万不要随意抛弃宠物，以免造成公共卫生隐患。当被宠物咬伤或抓伤后，不要抱有侥幸心理，应立即用肥皂水或清水彻底冲洗伤口，然后尽快到当地防疫部门注射疫苗。

4. 加强流浪宠物的管理。被主人遗弃街头的流浪宠物，已成为影响城市公共安全的突出问题。流浪猫、狗身上携带人兽共患病病原的概率要远远高于家养宠物。流浪狗因为没有定期接种疫苗，对人的危害性更大，也更易传播疾病。流浪狗咬人事件常常发生，如果不对流浪宠物加强管理，将会造成更严重的危害。首先，社会要加强对流浪宠物的关注，舆论也应加强宣传，要对市民进行有意识的引导，使其慎重饲养宠物，对那些丢弃宠物的不人道行为进行谴责。其次，政府可以投入资金或者鼓励其他组织提供慈善基金，建立宠物收容机构，解决流浪宠物的温饱和健康问题。

四、控制狂犬病，从兽医做起

狂犬病（Rabies）又名恐水症，俗称疯狗病，是由狂犬病病毒引起的一种侵害神经系统的人、犬、猫及其他所有温血动物共患的急性传染病。临床表现以恐水、畏光、吞咽困难、狂躁等为主要特征。狂犬病主要因为人及其他动物被感染狂犬病毒的犬、猫等动物咬伤或抓伤，病毒通过皮肤破损处侵入人体，或者染毒唾液污染到各种伤口、黏膜，甚至结膜而引起感染。目前对狂犬病还没有有效的治疗方法，人患该病后，病死率几乎为100%，这也是迄今为止唯一病死率高达100%的传染病。《中华人民共和国传染病防治法》将狂犬病列为乙类传染病。狂犬病仍然是目前最严重的全球性、病毒性人兽共患病之一。而控制狂犬病的发生，必须充分发挥兽医的作用，控制好动物的狂犬病。

狂犬病的流行有哪些特点?

狂犬病呈世界性流行，除南极洲外，其他各洲都存在狂犬病。全球每年被狂犬及其他动物咬伤者约 350 万人，导致狂犬病发作死亡者约 5.5 万人，但 95%以上的人类死亡病例发生在亚洲和非洲。我国也是狂犬病的高发地区，其狂犬病疫情主要分布在人口稠密的华南、西南、华东地区。在我国，狂犬病曾一度得到比较好的控制，但近年来，随着宠物热的升温，犬、猫等养殖数量增加，人被宠物咬伤、感染狂犬病致死的病例不断增多。据卫生部发布的中国法定传染病疫情显示，2007 年全国狂犬病连续 8 个月成为报告病死例数第一的传染病；2009 年全国狂犬病病死人数仅次于艾滋病和肺结核。根据我国人用狂犬病疫苗的使用量估计，全国每年被动物伤害的人数超过 4 000 万。该病已对人们的健康造成了严重的危害。

我国是受狂犬病危害最为严重的国家之一，近年的年报告狂犬病死亡人数均在 2400 人以上，仅次于印度，居全球第二位；一直处于我国各类传染病报告死亡人数的前三位。20 世纪 50 年代以来，我国狂犬病先后出现 3 次流行高峰，1950—2008 年总共报告了 117 530 例人狂犬病。第一次高峰出现在 50 年代中期，年报告死亡数最高达 1 900 多人。第二次高峰出现在 80 年代初期，1981 年全国狂犬病报告死亡 7 037 人，为新中国成立以来死亡数最高的年份。整个 80 年代，全国狂犬病报告死亡数都维持在 4 000 人以上，平均报告死亡数 5 537 人。第三次高峰出现在21世纪初期，狂犬病疫情重新出现连续快速增长的趋势，2007年全国报告死亡数高达3 300人。

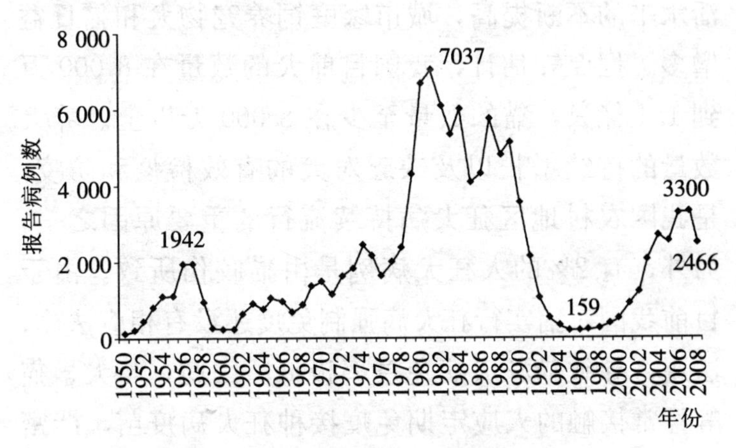

图1　60年来我国狂犬病发病人数

[引自中国狂犬病防治现状（2009）]

狂犬病如何感染人和动物?

牛、羊、马、猪等多种哺乳动物、鸟类和人均易感染，其中以犬科、猫科最易感。人和动物感染狂犬病主要是由于被携带狂犬病病毒的犬或猫咬伤和抓伤，唾液中的病毒随着血液循环进入人体，从而造成感染。也可由损伤的皮肤黏膜接触病畜唾液，或经呼吸道、消化道和胎盘感染。因咬伤而出现人传人的情况虽有理论上的可能性，但从未得到证实。

犬类是本病的主要宿主和传播者，是造成亚洲和非洲数万例人狂犬病的重要传染源。在我国农村地区，农村家庭养狗看家护院；在城市地区，随着人们生活水平的不断提高，城市家庭饲养宠物犬和猫日益增多。据保守估计，我国目前犬的数量在 8 000 万到 1.1 亿只，猫的数量至少在 8 000 万以上。养犬数量的持续增长以及缺乏对犬的有效检疫和防疫，是我国农村地区狂犬病持续流行的重要原因之一。另外，有 2%的人狂犬病例是由猫咬伤所致。由于目前我国对猫实行狂犬病强制免疫还没有相应法律、法规，导致猫狂犬病免疫率极低。因此，与犬、猫等经常接触的人应定期免疫接种狂犬病疫苗，严密防范该病。

如何识别患狂犬病的病犬?

犬感染后潜伏期长短不一，最短 8 天，最长可达数月至 1 年以上，一般 20～60 天。潜伏期长短与病犬咬伤部位、深度、病毒数量与毒力有关。发病时的临床表现分为狂暴型和麻痹型两种类型。其中狂暴型为典型类型，可分为三个阶段：前驱期一般 1～2 天，表现精神沉郁、常躲在暗处，不听主人呼唤，不愿接触人，食欲反常，喉头麻痹，吞咽困难，喜撕咬、吞咽异物，唾液增多，对外界刺激反应异常，易兴奋，后躯无力，瞳孔散大。前驱期后即进入兴奋期，表现为狂暴不安，长时间在野外奔跑，行为凶猛，攻击人或其他动物，或自咬四肢、尾及阴部等，表现出斜视和惶恐表情，当再次受到外界刺激时，又可出现新的发作。狂暴和沉郁交替出现，肌肉痉挛，下颌麻痹，吠声嘶哑，口流涎液，见水极度恐惧。麻痹期病犬下颌下垂，舌脱出口外，流涎显著，不久后躯及四肢麻痹，卧地不起，最后因呼吸中枢麻痹或衰竭而死亡，整个病程1～10天。麻痹型以麻痹症状为主，兴奋期极短。从头部肌肉开始麻痹，吞咽困难、流涎、张口，卧地不起和恐水等，2～4天死亡。

如何识别患狂犬病的病人？

狂犬病病人的临床表现同样分为兴奋型和瘫痪型。兴奋型患者的症状包括兴奋期和麻痹期，在兴奋期时机能亢进，躁动；有的伴有低热、头痛、乏力等；饮水、闻流水声甚至谈到饮水都可诱发严重的咽肌痉挛，因此常渴极而不敢饮，饮后亦无法下咽。微风、音响、触摸等亦可引起咽肌痉挛，甚至全身抽搐。兴奋期后，患者持续6～18小时表现麻痹，出现各种瘫痪，其中以肢体瘫痪较为多见，常因呼吸和循环衰竭而迅速死亡。瘫痪型的前驱期同样表现发热、头痛、全身不适及咬伤部位的感觉异常，继之出现各种瘫痪，早瘫性狂犬病约占人类死亡病例总数的 30%。与兴奋型狂犬病相比，其病程不那么剧烈，且通常较长。从咬伤或抓伤部位开始，肌肉逐渐麻痹。然后，患者渐渐陷入昏迷，最后死亡。

如何防控狂犬病的发生?

1. 防疫管理　加强犬和猫的管理，控制宠物间的传播。军犬、警犬、牧羊犬、护卫犬、实验犬、家犬及伴侣动物等一律进行登记、加强管理。对所有犬均应按规定接种狂犬病疫苗。对于未登记的野犬、野猫应坚决予以扑杀。发病的犬、猫应立即击毙、焚毁或深埋。如果发现有狂犬病症状的人，应立即通知卫生防疫部门予以确诊，并采取相应防治措施。

（1）*犬类免疫预防*　通过控制家养犬狂犬病预防人类狂犬病，是一个从源头堵住狂犬病传播的最有效措施。接种狂犬疫苗，既对犬有益，也有利于犬饲养者的健康。事实证明，国内犬狂犬病防疫好的地区，动物及人狂犬病发病率低。幼犬在 1 月龄以上即可进行首次接种狂犬病疫苗，间隔 2 周加强免疫，共免疫 3 次，以后每年接种 1 次即可有效预防动物狂犬病。

（2）*人类免疫预防*　在接触狂犬病后立即进行有效治疗可以防止出现症状和死亡，包括及时对伤口进行局部处理，按医嘱注射抗狂犬病免疫球蛋白，并立即接种疫苗。对从事某些高风险职业者（例如在狂犬病疫区工作的兽医和处理动物者、进行狂犬病病毒相关操作的试验者）应进行接触前免疫接种。由于儿童面临特别大的风险，可以考虑为在高风险地区生活或停留的儿童接种疫苗。

2. 加强进出境或本地区动物检疫　如果发现有狂犬病症状的动物，应迅速隔离，向当地兽医行政管理部门报告，以便及时采取处理措施，不放血扑杀病畜及其咬伤动物，焚烧或深埋病尸和扑杀动物尸体。可疑患病动物应隔离观察 14 天，可疑感染动物至少观察 3 个月。污染的环境、畜舍、用具等要严格消毒。

预防狂犬病，兽医在行动！

首先，保持自身警惕。作为兽医工作者，接触动物的机会较一般人多，这也增加了被动物咬伤或抓伤的几率，在工作时要特别注意个人防护，也应特别注意伤口的处理和人用狂犬病疫苗的接种。作为兽医工作者，更要清醒地意识到狂犬病的危险性，不应怕麻烦或存在任何侥幸心理，要坚持做到按时、足量的接种。

其次，对喂养犬、猫的主人做好知识普及工作。为动物主人说明为犬接种狂犬疫苗的重要性和必要性，使宠物主人愿意配合疫苗接种工作。告知宠物主人被咬伤后怎样正确处理伤口和及时接种疫苗等知识。

此外，还要确保疫苗的有效性。因此，要注意选择质量好的疫苗进行疫苗注射，可以通过测定相应的抗体水平来检验疫苗免疫效果。

小贴士

表2　世界卫生组织推荐的接触后预防措施取决于人们与疑似携带狂犬病毒的动物接触程度

与疑似携带狂犬病毒的动物接触程度	接触后措施
Ⅰ级：触摸或饲喂动物，动物舔触处的皮肤完整（即无暴露）	不用采取措施
Ⅱ级：动物轻咬裸露皮肤，或无出血的轻微抓伤或擦伤	立即接种疫苗和对伤口进行局部处理
Ⅲ级：一处或多处穿透性皮肤咬伤或抓伤，动物舔触处的皮肤有破损；动物舔触处的黏膜被唾液污染；或暴露于蝙蝠	立即接种疫苗和注射抗狂犬病免疫球蛋白，并对伤口进行局部处理

读者提问

读者提问：狂犬病病毒的抵抗力强吗？

回答：狂犬病病毒对外界环境条件的抵抗力并不强，一般的消毒药、加热和日光照射都可以使它失去活力，56℃15 分钟即可灭活。狂犬病病毒对肥皂水等脂溶剂、酸、碱、70%酒精、福尔马林、碘制剂、新洁尔灭等敏感，磺胺药和抗生素对狂犬病毒无效。抗尸体腐败，冬天野外病死的犬脑组织中的病毒在 4℃下可保存几个月，在自溶脑组织中也可存活 7～10 天。病毒对干燥、反复冻融有一定的抵抗力。50%甘油保存数月至 1 年，冷冻状态下可长期存活。

读者提问：被狂犬病病犬咬伤后是否发病取决于哪些因素？

回答：首先要看进入人或动物机体的狂犬病病毒含量的多少，如果传染源动物处于发病早期，它的唾液中所带的狂犬病病毒就比发病后少，发病的几率便小。另外，接触部位也是一个重要因素。如果传染源动物咬伤头、面和颈部等那些靠近中枢神经系统的部位或周围神经丰富的部位，比咬伤四肢者的潜伏期短，发病快。

读者提问：人被狂犬病病犬咬伤是不是几十年后还会发生狂犬病？

回答：一个人被狂犬病病犬咬伤后如果不及时采取预防措施，极其少数的人会在一年以后发病，基本在 1～3 个月发病。但是十几、几十年以后发病的报道尚缺乏科学依据。

读者提问：人被动物咬伤或抓伤后，如何处理伤口？

回答：以化学或物理手段清除伤口部位的狂犬病病毒是有效的防护措施，迅速对可能已感染狂犬病病毒的所有咬伤处或抓伤处进行局部处理非常重要。①被咬后立即挤压伤口排出带毒液的污血，但不能用嘴去吸伤口处的污血。

②建议采用的急救程序包括立即用肥皂和水、洗涤剂、聚维酮碘消毒剂或可杀死狂犬病病毒的其他溶液彻底冲洗和清洗伤口15分钟以上。③用20%的肥皂水或1%的新洁尔灭彻底清洗，再用2%~3%碘酒或75%酒精局部消毒。④局部伤口原则上不缝合、不包扎、不涂软膏、不用粉剂以利伤口排液，如伤及头面部，或伤口大且深，伤及大血管需要缝合包扎时，应以不妨碍引流、保证充分冲洗和消毒为前提，做抗血清处理后即可缝合。

读者提问：狂犬病疫苗必须在被动物咬伤24小时以内接种才有效吗?

回答：狂犬病疫苗注射原则上是接种越早效果越好。但是，超过24小时注射疫苗，只要在疫苗生效前，也就是疫苗刺激机体产生足够的免疫力之前人还没有发病，疫苗就可以发挥效用。对暴露（被咬）已数日或数月而因种种原因一直未接种狂犬疫苗的人，只要有条件获得疫苗，也应与刚遭暴露者一样尽快给予补注射，争取抢在发病之前让疫苗起作用。因为狂犬病被医学界称为只可预防，不可治疗的疾病。一份调查报告指出，有80%以上的狂犬病病死者，是被动物咬伤以后，没有按照预防狂犬病的办法主动保护自己造成的。如果可能处于潜伏期（如数月、数年），只要没有发病，接种都有效，此时应使用变五针法进行接种，即当天、第三天分别在双臂三角肌各注射一针疫苗，前一针或前两针的接种剂量应当加倍，第七天注射一针疫苗（共五针）。只要人体能在病毒侵入到神经中枢之前产生足够的抗体，就能控制病毒的扩散，人就不会再发病了。

读者提问：曾经注射过狂犬病疫苗的人又被犬咬伤还用再免疫接种吗?

回答：对接受过暴露前或暴露后有效疫苗的全程接种

者，如果一年内再发生较轻的可疑接触感染，可立即用肥皂水清洗伤口，同时密切观察咬人的犬在 10 日内是否发病而不必注射疫苗。一旦咬人犬发病，立即给被咬的人注射人用狂犬疫苗；如果是一年以后再被咬伤，可于当天、第 3 天各加强注射一针疫苗。对严重咬伤、以前接受过疫苗接种但时间较久，对疫苗的有效性有所怀疑者，则应重新进行全程即 5 针疫苗的暴露后预防免疫，必要时应包括使用狂犬病免疫球蛋白。

读者提问：宠物已注射过兽用狂犬病疫苗后咬了人，人还用打狂犬病疫苗吗?

回答：宠物犬、猫已经按规定足量接种了符合要求的兽用狂犬疫苗后，在疫苗的免疫期内，人被这样的犬轻微咬伤、抓伤，除了按照规定程序进行伤口局部的清洗消毒，仍需注射人用狂犬病疫苗。

读者提问：疯动物以及被疯动物咬伤的家畜肉、奶能食用吗?

回答：确认为狂犬病的动物的肉不能吃，而应当焚烧或深埋，因为该动物的体内已经广泛存在狂犬病病毒，而且人有可能在宰杀过程中通过手上的微小伤口而感染。

读者提问：人与人接触能传播狂犬病吗?

回答：人与人的一般接触不会传染狂犬病，理论上健康人只有被发病的狂犬病人咬后，才有得狂犬病的可能。狂犬病人污染了用具，他人再通过被污染的用具受到感染的可能性很小。狂犬病病人的器官和组织如角膜移植给健康人则有极高的危险性。

读者提问：人用狂犬病疫苗的接种对象是什么?

回答：接种对象适用于以下两种情况：

1.暴露前免疫（被咬前）　经常暴露于危险的专业人

员：兽医（包括兽医院的学生），与兽医一道工作的技术人员，处理狂犬病病毒污染物品的实验室人员，动物标本剥制人员，猎场看守人，狂犬病流行地区的林业人员、农民等，有暴露于狂犬病危险的婴儿。对妊娠、急性发热性疾病时，可推迟接种。采用世界卫生组织推荐的方案，接种3次（当天、第7天、第28天）。

2.暴露后免疫（被咬后）　被犬、猫等哺乳动物咬伤者及与上述咬伤者有接触者，应立即接种疫苗。鉴于狂犬病是致死性疾病，任何高度危险的暴露者均应进行免疫接种。有严重变态反应病史的人，在接种疫苗时应备有相应的脱敏应急药物。正在接种预防另一种疾病的疫苗，仍可注射狂犬病疫苗，但需要把接种部位错开。使用方法为接种5次，分别于接触狂犬病或疑似狂犬病动物后的当天、第3天、第7天、第14天和第30天经皮下或肌肉注射。根据感染的深度及危险程度，严重咬伤者在接种的当天先使用抗狂犬病免疫血清或免疫球蛋白，可立即产生保护作用。

3.接种反应及注意事项　注射局部可出现轻微反应，如发红或轻度硬结，极少见发热反应。有过敏反应者可进行相应的抗过敏治疗。接种过程中应忌酒、可乐、咖啡、浓茶、刺激性食物，类固醇和免疫抑制剂等可导致接种失败的物质也应慎用。

小知识

2011年世界兽医日的主题是狂犬病（Rabies），主要目的是使人们了解兽医行业在预防和控制狂犬病方面的作用。2011年，世界兽医协会和世界动物卫生组织（OIE）、全球狂犬病控制联盟（GARC）联合起来推动2011年的狂犬病预防主题。GARC 谈到，“在动物源头进行预防是对付狂犬病的关键战略，因而兽医对其控制至关重要。”该联盟相信，通过全世界的国家兽医机构根除动物狂犬病，可阻止人病例的出现，而花费可能只相当于目前用于治疗被犬咬伤的人的资金的 10%。

五、高度重视结核病

结核病（Tuberculosis，TB）是由分支杆菌属的结核分支杆菌、牛分支杆菌和禽分支杆菌所引起的一种严重的人兽共患传染病。动物结核病常见于牛，其次为猪和鸡，给畜牧业带来了巨大的损失。人类也可以广泛感染，本病也是青年人容易发生的一种慢性和消耗性传染病。虽然人结核病曾一度得到控制，但由于耐药菌株的流行和艾滋病疫情加重，近年来在全球范围内结核病疫情加重，呈持续上升趋势。WHO 把结核病列为重点控制的传染病之一。

结核病的发展史

结核病又称为“痨病”和“白色瘟疫”，是一种有数千年历史的古老传染病。公元前 3200 年前的埃及木乃伊和我国湖南省马王堆出土的 2100 年前的汉朝女尸中均发现了结核病灶。早在公元 3 世纪以前，我国古代医学已认识到该病可能是一种极为严重的慢性传染病，“累年积月，渐就顿滞，以至于死，死后复转旁人，乃至灭门”。结核病曾在全世界广泛流行，是危害人类的主要杀手，夺去了数亿人的生命。无论是现实生活中的文学家鲁迅，还是文学作品中面容苍白、咳嗽连连的林黛玉，都被这种疾病所捕获。

后来，西方的一些科学家在解剖中发现这类病人的肺内有一个个坚实的团块，摸上去好像马铃薯或花生这类植物根茎，就将这种病称之为 Tuberculous，即结节的意思。1882 年 3 月 24 日德国科学家罗伯特·郭霍报道，在一些病人中发现了结核分支杆菌，并且确定该细菌是结核病的唯一病因，其发生机理由此得以明朗。但由于没有有效的治疗药物，结核病仍然在全球广泛流行。自 20 世纪 50 年代以来，科学家先后研制了异烟肼、利福平、吡嗪酰胺和乙胺丁醇等抗结核药物后，结核病患者的死亡率和患病人数迅速下降，人类也开始信心满满地认为“结核病已经被完全征服”。甚至科学家们一度乐观地估计，到了 20 世纪末，结核病就会“完全消失”。然而大多数人由于种种原因，并没有得到有效治疗，1882 年以来约 2 亿人被夺去生命。1982 年纪念结核菌发现 100 周年时，WHO 和国际防痨和肺病联合会倡议将每年 3 月 24 日定为“世界防治结核病日”。

近年来，由于不少国家对结核病的忽视，减少了财政投入，再加上人口的增长、流动人口的增加、艾滋病病毒感染的传播，耐药菌株的流行，导致全球范围内结核病疫情加重，呈持续上升趋势。2009年，全球有超过2 000万名活动性结核病患者，有170万人因为结核病而死亡。20多亿人感染了结核，占世界总人口的1/3。

我国结核病疫情重，分布广，99%的村庄或城市居民点皆有活动性结核病人，并有从沿海城市及人口密集的华东、华南向内地蔓延和从南向北、从东向西扩散的趋势。因此，结核病仍然是影响我国人民劳动力的主要疾病之一。肺结核是我国乙类法定报告传染病，是我国法定报告的重大传染病之一。根据WHO的统计，我国是全球22个结核病高负担国家之一，年发病人数约为130万，占全球发病的14.3%，仅次于印度，位居全球第二位。根据2010年全国第五次结核病流行病学调查结果，2001—2010年全国共发现和治疗肺结核患者828万例，其中传染性肺结核患者450万例。我国肺结核报告发病人数始终位居全国甲、乙类传染病报告发病数的前列，患病人数一直与乙肝在“争夺”冠亚军，死亡率则仅次于艾滋病。估算2010年我国全人群活动性肺结核患病率为392/10万，其中传染性肺结核患病率为100/10万。据此估算2010年我国现有活动性肺结核患者总数为523万，其中传染性肺结核患者总数为134万。而感染结核分支杆菌的人数则超过5亿人，占全国总人口的45%。同时，我国也是全球 27 个耐多药结核病高负担国家之一，根据 2007—2008 年开展的全国结核病耐药性基线调查结果，肺结核患者中耐多药率为 8.32%，广泛耐药率为 0.68%。据此估算，我国每年新发耐多药结核患者 12 万例，新发广泛耐药结核病患者 9 000 例，耐多药结核病患者数也仅次于印度，位居全球第二位。

目前我国结核病防治工作中存在一些问题。一是肺结核疫情地区间差异显著。西部地区传染性肺结核患病率约为中部地区的 1.7 倍和东部地区的 2.4 倍；农村地区患病率约为城镇地区的 1.6 倍。农牧民占所有患病人数的 61.79%，还有 4.09%是农民工，甚至有 18%的结核病患者因为经济困难而无法就诊。二是肺结核患者耐多药率为 6.8%，与其他国家相比仍十分严重。三是肺结核患者中有症状者就诊比例仅为 47%，患者重视程度不够。四是已经发现的患者规则服药率仅为 59%，服药依从性有待提高。五是公众结核病防治知识知晓率仅为 57%，需要全社会共同参与结核病防治健康教育工作。更严重的是，很多结核病患者并没有意识到自己的病情。在 20 世纪 90 年代，只有 20%的结核病患者能被发现。相比于 WHO 要求的 60%的发现率，国内的数字在很长时间里一直处于世界倒数几名。

结核病的发病规律和流行特点决定了在今后相

当长的时期内其危害将持续存在。当前，我国结核病疫情形势依然严峻，防治工作仍面临诸多挑战。耐多药结核病的危害日益凸显，结核分支杆菌/艾滋病病毒双重感染的防治工作亟待拓展，流动人口结核病患者治疗、管理难度加大，现行防治服务体系和防治能力还不能完全满足新形势下防治工作的需求。我国结核病防治工作仍然任重而道远，需要长期不懈地努力。

认识结核病的病原体

结核病的病原体属于分支杆菌，是一类革兰氏阴性杆菌，不产生芽孢和荚膜，不运动，一般染色较难着色，常用抗酸染色法。专性需氧，营养要求严格，最适培养温度 37℃ 。对外界环境抵抗力较强，在水中可存活 5 个月，土壤中 7 个月，在强烈阳光直射下能存活 1～2 小时，在阴暗潮湿的地方可以存活数月之久。不耐热，60℃ 30 分钟死亡，在沸水中只能存活 5 分钟。常用消毒药 4 小时方可杀死，但在 70％乙醇或 10％漂白粉中很快死亡。

引起结核的分支杆菌包括结核分支杆菌（*M. tuberculosis*，以前称为人型结核分支杆菌）、牛分支杆菌（*M. bovis*，以前称为牛型结核分支杆菌）和禽分支杆菌（*M. avium*，以前称为禽型结核分支杆菌），统称结核杆菌。据估计，约10%的人结核病是由牛分支杆菌引起的，但各地区感染情况差异很大。

浅谈动物结核病

约50种哺乳动物和25种禽类对结核杆菌易感。家畜中牛最易感，尤其奶牛所造成的经济损失也最为巨大。黄牛、牦牛、水牛其次，猪和禽亦患病，羊极少发病。患病动物和人是结核病的主要传染源。患病个体痰液、鼻汁、粪尿、乳汁和生殖道分泌物中均可带菌，可污染饲料、水源、空气等环境而扩散传播。健康动物可通过被污染的空气、饲料、饮水等经呼吸道、消化道等途径感染。动物结核病潜伏期长短不一，短者十几天，长者可达数月甚至数年，潜伏感染病例不表现明显的临床症状。

牛结核病主要是由牛分支杆菌所引起，以在多种组织器官形成干酪样坏死、肉芽肿（结核结节）和钙化结节病变为特征。世界动物卫生组织（OIE）将其列为必须通报的动物疫病。牛结核病的传染流行，不仅造成结核性胸膜肺炎、乳房炎等疾病，使患病逐渐消瘦，奶牛寿命缩短，产奶量显著降低，牛奶品质下降，还造成母牛常常不能怀孕，役牛劳动能力减弱，同时成为人结核病的传染源。牛患结核病可表现为肺结核、乳房结核、淋巴结结核和肠道结核，其中肺结核最为常见，患病部位不同可出现不同症状，详细请阅读农业部颁布的《牛结核病防治技术规范》。

小贴士

世界卫生组织第七次委员会报告明确指出：在那些牛结核病流行的国家，除非扑灭牛结核病，否则人结核病的控制是不会成功的。这充分说明了牛结核病带来的危害不容忽视！

猪患结核病主要侵害淋巴结，剖检时常在扁桃体和颌下淋巴结发现病灶，也可在肠道发现病灶。禽患结核病主要危害鸡和火鸡，成年鸡多发，以肝、脾、肠发现病灶为主。

动物结核病的实验室诊断主要包括两个方面：病原学诊断为采集病灶、痰、粪、尿、乳汁和其他体液等标本，制成抹片后用抗酸染色法染色镜检，并进行病原分离培养和动物接种等。变态反应检查（结核菌素试验）是目前法定的唯一检疫方法，临床上应用最为广泛。对牛皮内注射结核菌素（诊断鸡结核病用禽结核菌素，诊断猪结核病分别用牛结核菌素和禽结核菌素），并在48～72小时后测量注射部位肿胀程度。

目前我国一些省份牛结核病的发病率呈现上升趋势，对人类健康构成严重威胁。因此，做好牛结核病的定期检测和普查工作相当重要。平时应加强饲养管理，做好牛舍及运动场清洁卫生和消毒工作。每年对健康牛进行春、秋两次检疫，一旦发现阳性病例必须严格采取隔离、淘汰措施。同时对全场进行严格消毒。饲养户如发现疑似病牛，也应该立即向当地动物防疫监督机构报告。

结核病对人类的危害

牛结核和人结核可以相互感染，人主要通过接触病牛或饮用生乳或消毒不彻底的带菌乳感染，食病牛肉也有感染的危险，禽结核也可危害人。人和人之间传播主要是通过与排菌的开放性肺结核患者接触。15 岁到 35 岁的青壮年是结核病的高发年龄。虽然我国儿童出生时几乎都接种了卡介苗，但这种疫苗只能保证 5 岁以下的儿童携带者不发生结核病，却不能阻止他们感染结核杆菌，所以科学家们正在努力研究新的疫苗。

人类感染者大部分为潜伏感染，只有 5%～10%发展为结核病，且 80%患者发生肺部结核，也可在其他部位如颈淋巴结、脑膜、腹膜、肠、皮肤、骨骼等发生结核。潜伏期 4～8 周。结核病分原发和继发性，初次感染时多为原发（Ⅰ型）；而原发性感染后遗留的病灶，在人抵抗力下降时，可能重新被激活，复苏后的细菌通过血液循环播散或直接蔓延而致继发感染（Ⅱ～Ⅳ型）。

1. 原发性肺结核（Ⅰ型）　常见于小儿，多无症状，有时表现为低热、轻咳、出汗、心跳快、食欲差等；用听诊器听诊时少数有呼吸音减弱，偶尔可听到干性或湿性啰音。

2. 血行播散型肺结核（Ⅱ型）　急性病例起病急剧，有寒战、高热，体温可达40℃以上，血常规检查白细胞可减少，血沉加速。亚急性与慢性病例病程较缓慢。

3. 浸润型肺结核（Ⅲ型）　肺部有渗出、浸润及不同程度的干酪样病变。多数发病缓慢，早期无明显症状，后渐出现发热、咳嗽、盗汗、胸痛、消瘦、咳痰及咯血。血常规检查可见血沉增快，痰结核杆菌培养为阳性。

4. 慢性纤维空洞型肺结核（Ⅳ型）　反复出现发热、咳嗽、咯血、胸痛、盗汗、食欲减退等，胸廓变形，病侧胸廓下陷，肋间隙变窄，呼吸运动受限，气管向患侧移位，呼吸减弱。血常规检查可见血沉值增快，痰结核菌培养为阳性，X线显示空洞、纤维化、支气管播散三大特征。

由于肺结核是呼吸道传染病，及时发现和治疗肺结核患者是防止传播的最有效手段。如果咳嗽、咳痰2周以上，应及时到医院诊治。肺结核诊断的主要检查项目有痰涂片和X光胸片检查，必要时可进行痰培养检查和药敏检查。具体见卫生部颁布的《结核病预防控制工作规范》(2007)。

诊断为肺结核后应立即服药、多药联用、不能中断、坚持治疗（初治患者6个月，复治患者8个月)。结核病人要与结防专业机构的医生合作，按医生指定的治疗方案，坚持规律用药并完成疗程，几乎全部病人都可治愈，而且在接受治疗2周后，痰内结核菌迅速减少，细菌的活力也受到抑制或完全消失，对周围人群传染性明显降低，结核病人治愈后可以与健康人同样工作、生活和学习。病人千万不要听信社会传言，寻觅“偏方”、“验方”而贻误大好治疗时机。

患者在进行治疗时，最好与家人分室居住，分开吃饭，碗筷分开，每隔10天将碗筷放在水中煮沸5分钟消毒一次。尽量做到少接触，不接近孩子，以免传染给孩子。病人咳嗽时，最好用干净手帕把嘴捂起来，说话及咳嗽时和健康人至少保持1米的距离，以避免传给其他人。也不要随地吐痰。

普通结核病的治疗疗程是6个月，很多病人实在无法每次都按时按量地吃药，还有些病人“感觉自己好了”，就擅自停药。这都会造成结核病菌无法被消灭，反而有了抵抗药品的能力。耐药结核的泛滥还有另一层原因。一些医院为了盈利，在确诊病情之初就让患者使用专门治疗耐药结核的药物，这些药物大多价格昂贵，而且也造成了耐药结核患者的增加。耐多药肺结核患者与普通肺结核患者相比，一是传染危害大，受感染者一旦发病即为原发耐多药肺结核，且传染期更长。二是治疗费用高，耐多药/广泛耐药肺结核的治疗需要联合使用4～5种确定有效的抗结核药物。根据WHO指南，治疗全疗程24个月，分为注射期和非注射期2个阶段，其中注射期6个月，非注射期18个月，治疗费用大约是普通肺结核的100倍。耐多药肺结核的流行，不仅会给患者及其家庭带来沉重的精神和经济负担，而且会直接影响到社会稳定和经济的可持续发展。

另外，国家规定结核病患者在结核病防治机构（包括疾病预防控制中心、结核病防治所和结核病定点医疗机构等）就诊时，对肺结核检查治疗的部分项目实行免费政策。国家为初诊的肺结核可疑症状者免费提供1次痰涂片（3份痰标本）和普通X光胸片检查；为活动性肺结核患者免费提供国家统一方案的抗结核药物、治疗期间的痰涂片检查（3或4次，每次2份痰标本）和治疗结束时的1次普通X光胸片检查（初、复治患者各提供1次免费）。目前全球基金项目地区为耐多药肺结核患者免费提供二线抗结核药物和相关检查；在部分中国卫生部—盖茨基金会肺结核防治合作项目试点地区由医疗保险和项目经费支付耐多药肺结核患者的大部分医疗费用，个人承担小部分医疗费用。

特别关注

近年来，越来越多的市民热衷养宠物，这些宠物也有可能携带结核杆菌，当主人与宠物亲密接触后，也有可能造成感染。因此，市民应尽量避免和宠物亲密接触，尽量少带宠物去公共场所，以防止宠物携带的结核杆菌感染更多的人。

读者提问

读者提问：结核杆菌感染后，是否一定发病？

回答：不一定。健康人受到结核杆菌感染后，不一定发生结核病。是否发生结核病，主要受到两种因素的影响，即结核杆菌毒力的强弱和数量的多少以及身体抵抗力强弱的影响，结核杆菌毒力强、数量多且身体抵抗力又低则容易发生结核病。人体初次受到结核杆菌感染后，通常绝大多数人没有任何症状，也不发生结核病。但当少数感染结核菌的人出现抵抗力降低时，可在一年中任何时候发生结核病。发生结核病的概率大约10%左右。预防或减少发生结核病的措施首先就是不要受结核菌的感染，不受结核菌感染就不会发生结核病。另外，特别要重视增加营养，加强锻炼，保持乐观的心态提高机体抵抗力。

读者提问：结核病是不是都会传染给别人？

回答：结核病分为开放性和非开放性两种。开放性病人痰内含有结核杆菌，在咳嗽或打喷嚏会经由飞沫传染给别人，占较少数。非开放性病人痰内没有结核杆菌，占大多数。虽然大部分结核病人为非开放性结核，但开放性病人与非开放性病人具有互动关系，也就是开放性病人接受有效治疗后，可以变成非开放性病人；相反，非开放性病人不接受治疗或治疗不当，会变成开放性病人。

读者提问：有报道艾滋病患者和艾滋病病毒感染者更容易发生结核病，是这样的吗？

回答：艾滋病是由艾滋病毒感染所引起的。艾滋病病毒又称为人类免疫缺陷病毒（简称HIV），专门攻击人体免细胞，致使人体丧失抵抗能力，从而不能与那些对生命有威胁的病菌战斗，最终导致感染者死亡。因此，艾滋病病毒感染者一旦与排菌的肺结核病人接触，就很容易感染结核杆菌，并迅速恶化、扩散。艾滋病病毒感染者感染结核杆菌后，其发展成开放性肺结核的可能性比未感染艾滋病病毒者的结核病患者高30～50倍。结核杆菌是艾滋病患者的最常见的机会性感染病原菌和杀手，结核杆菌与艾滋病病毒双重感染的致死率极高，蔓延速度极快。另外，因艾滋病患者的免疫功能严重受损，也可使体内潜伏的结核杆菌重新活跃，大量繁殖，致使病情恶化进而发病。

深层次阅读

农业部.牛结核病防治技术规范（2009）.
卫生部.结核病预防控制工作规范（2007）.
卫生部.学校结核病防控工作规范（试行）（卫办疾控发［2010］133号）.

六、国际恐慌的高致病性禽流感

流行性感冒在历史上曾经反复造成大流行，给畜牧业生产和人类健康带来了严重危害，引起国际恐慌。禽是流感病毒的天然宿主和储存库，几乎所有亚型的流感病毒都能感染禽类。因此，要想从根本上控制流感病毒，保障公共卫生安全，首要任务是控制禽流感。

禽流感（Avian Influenza，AI）是由 A 型流感病毒（AIV）引起的一种禽类（家禽和野禽）的烈性传染病。目前，禽流感病毒已广泛分布于世界各地，它的每一次严重暴发都给养禽业造成巨大的经济损失，是目前危害世界及我国养禽业的最重要的疫病之一。更为重要的是高致病性禽流感（HPAI）

知识点

农业部 2008 年公布的一类动物疫病名录：口蹄疫、猪水泡病、猪瘟、高致病性猪蓝耳病、高致病性禽流感、新城疫、非洲猪瘟、非洲马瘟、牛瘟、牛传染性胸膜肺炎、牛海绵状脑病、绵羊痒病、蓝舌病、绵羊痘和山羊痘、小反刍兽疫、鲤春病毒血症、白斑综合征。

可引起人类发病，被列入国际生物武器公约动物类传染病名单，我国也将其列为一类动物疫病。由于禽流感疫情对禽群产生的影响，引起人类严重疾病的可能性和造成禽流感大流行的可能性，引起了全球的关注。

流感国际流行状况

流感病毒是引起人类和多种动物流感的病原体。1658年，意大利威尼斯城的一次流感大流行使6万人死亡，惊慌的人们认为这是上帝的惩罚，是行星带来的厄运所致，所以将这种病命名为"Influenza"，意即"魔鬼"。

表3　20世纪的4次世界性流感大流行

时间	病毒亚型	发生地点	危　害
1918—1919年	H1N1	全球暴发	全世界患病人数在6亿以上(当时全球共18亿人)，死亡人数在2 000万～4 000万
1957年2月	H2N2	起源于我国贵州西部	波及日本和东南亚各国、中东、欧洲、非洲和美洲，8个月时间内席卷全球。死亡人数约200万
1968年7月	H3N2	首发于我国香港	全球死亡人数约100万
1977年5月	H1N1	首发于我国东北地区	半年后传到我国南方及苏联，约1年后波及全球

1878 年，Perroncito 首次报道了禽流感在意大利的流行。1901 年 Centanni 和 Saranuzzi 分离和描述了该病的病原，认为是由“可滤过”病原引起的。1955 年 Schafer 证实该病属于 A 型禽流感病毒。自 1878 年意大利报道发生禽流感以来的 100 多年里，H5 和 H7 两亚型毒株一直断断续续地在世界各地鸡或火鸡中造成流感暴发和流行，引起禽的大量死亡和生产性能的急剧下降。如 1983—1984 年美国宾夕法尼亚州鸡群中发生了 H5N2 毒株引起的流感大流行，损失 1 700 多万只鸡，当地鸡场全部倒闭，经济损失达 6 100 万美元。1994—1995 年，墨西哥暴发禽流感，造成 10 多亿美元的经济损失。

1997 年 5 月，中国香港地区的一个养鸡场出现了这一区域首例禽流感病例。在随后的几个月里，H5N1 亚型禽流感病毒迅速蔓延，大批感染鸡死亡。1997 年 8 月，香港一名 3 岁的男童因感染禽流感而死亡。这也是全球首例人类感染 H5N1 禽流感病毒的报道。在随后的几个月中，香港共有 18 人感染禽流感病毒，其中 6 人死亡。为了阻止 H5N1 禽流感病毒进一步向人类传播，香港特区政府宰杀了 150 万只家禽，付出了巨大人力、物力和财力，损失超过 10 亿港币。随后从不同年龄段的人身上分离到 A 型禽流感病毒，引起世界震惊。

2003年3月1日，荷兰东部6个农场中发现了H7N7亚型禽流感病毒。荷兰政府随即发布命令，要求所有农场暂停禽类产品的转运和销售，并在被发现禽流感的农场方圆10公里范围内划定警戒区。到3月3日，感染禽流感疫情的农场已增加至13家。同一天，为了防止疫情向欧洲其他国家蔓延，欧盟宣布全面禁止荷兰活禽及其蛋品出口，这给世界上最大的家禽出口国之一的荷兰带来沉重打击。在短短几周内，共有约900个农场内的1 400万只家禽被隔离，1 800多万只病鸡被宰杀。而更为严峻的是，在疫情暴发期间，共有89人感染了禽流感病毒。此后，H7N7亚型禽流感在整个欧洲蔓延，比利时和德国均出现了禽流感病毒感染病例。这也是迄今为止世界上禽流感传播范围最广的一次。

2004—2006年期间，高致病性禽流感再一次在东南亚国家暴发并且蔓延至整个欧洲，不但给各国的养禽业带来沉重打击，而且对人类也造成了重大威胁。自从2005年11月12日在湖南省湘潭县发生了我国首例H5N1亚型禽流感病毒感染人的报道以来，我国已经确诊了40例人感染禽流感病例，其中26例已死亡。世界卫生组织统计显示，截至2011年5月13日，全球共15个国家和地区报道了553例禽流感感染人的病例，其中323例死亡，死亡率约60%。

尽管目前人禽流感只是在局部地区出现，但考虑到人类对禽流感病毒普遍缺乏免疫力、人类感染H5N1型禽流感病毒后的高病死率以及可能出现的病毒变异等，世界卫生组织认为该疾病可能是对人类存在潜在威胁最大的疾病之一。

表4　WHO和我国对于流感疫情的分级标准

WHO（2009）	中　国
流感大流行间期	
1　在人群中没有检测到新的流感病毒亚型；导致人感染的病毒亚型可能来源于动物；如果与动物接触，人感染或发病的危险也较低	0　无应急反应阶段 无新亚型流感病毒报告
2　在人群中没有检测到新的流感病毒亚型。但是在动物中循环的流感病毒亚型对人构成显著的威胁	
	Ⅳ　蓝色预警　在人类标本中分离出新亚型流感病毒，但未产生特异性抗体应答，或虽产生特异性抗体应答却未出现临床症状
流感大流行预警期	
3　人中出现新病毒亚型的感染，但是尚未发生人间传播，或极个别情况因密切接触传播	Ⅲ　黄色预警　人类感染新亚型流感病毒并发病，但未发生人间传播
4　发生非常局限的小范围的人间传播，提示病毒对人体内的环境仍适应不良	Ⅱ　橙色预警　新亚型流感病毒发生人间传播，但传播范围相对局限

（续）

WHO（2009）	中　国
5　发生更大范围的但仍然有限的人间传播，提示病毒对人体内的环境适应得越来越好，但是尚未具备完全的传播力以引发大流行	
大流行阶段	
6　在一般人群中发生大范围的、持久的传播	Ⅰ　红色预警　出现下列两种情况之一，即为大流行阶段。①新亚型流感病毒在人群中持续快速传播；②世界卫生组织宣布发生流感大流行
	0　结束阶段　全国流感大流行得到有效控制，由卫生部组织专家，并结合世界卫生组织的有关意见判定大流行结束

认识禽流感病毒

流感病毒一般为球形，囊膜内有螺旋形核衣壳，表面覆盖有两种不同形状的纤突，分别为血凝素（HA）和神经氨酸酶（NA）。根据流感病毒的核蛋白（NP）和基质蛋白（M）抗原性的不同可以将其分为A、B、C三型。A、B和C型流感病毒不仅在核蛋白和基质蛋白的抗原性上存在有很大差异，而且在致病性和基因组的结构方面也存在较大差异。A型流感病毒能感染多种动物包括人、禽、猪、马等；B型和C型则主要感染人，从猪中也曾分离到。所有的禽流感病毒（AIV）都属于A型流感病毒。此外，流感病毒有16种HA亚型和9种NA亚型，据此又可将流感病毒分为不同的亚型。其中能引起人类流感的主要为H1～H3型，且H1N1、H2N2、H3N2曾在人间造成流感大流行。其他多数亚型的自然宿主为禽类、猪、马等多种动物，特别是水禽类，而且所有的H1～H16、N1～N9亚型抗原都可以从禽体内分离到。

禽流感病毒在低温、干燥以及甘油中可保持活力达数月至1年以上。在干燥的尘土中能存活14天。在22℃水中能存活4天，0℃时可超过30天。粪便中病毒的传染性在4℃条件下可以保持长达30～50天，20℃时为7天。在冷冻的禽肉和骨髓中，可存活10个月。但病毒在直射阳光下2天即可被灭活，紫外线照射可以迅速灭活。通过加热（60℃ 30分钟，100℃ 1分钟）或普通消毒剂（福尔马林、碘复合物等）可以杀灭病毒。

禽流感病毒对动物的危害

在过去相当长的一段时间里，人们把禽流感称为鸡瘟，后来发现在禽类中还存在一种相似的疾病叫新城疫。两者常常被混为一谈。为把二者区别开，现把前者称为禽流感或真性鸡瘟、欧洲鸡瘟，把后者称为新城疫或假性鸡瘟、亚洲鸡瘟。

鸡、火鸡、鸭、鹅、鹌鹑、鸵鸟、孔雀等多种禽类均易感。鸡、火鸡最敏感，特别是火鸡，感染高致病性禽流感病毒后会很快发病，大批死亡。我国火鸡比较少，所以高致病性禽流感多发生于鸡。鸭、鹅等水禽易感性较低，感染后一般不发病、不死亡。这些动物可以作为禽流感的保存宿主，导致病毒的持续存在或禽流感在大规模饲养的鸡群或鸭群中传播。禽流感病毒还可以感染猪、虎、猫等哺乳动物。

禽流感主要通过接触感染禽及其分泌物、排泄物，污染的饲料、水、蛋托（箱）、垫草、种蛋、鸡胚和精液等媒介，经呼吸道、消化道感染。禽类的粪便可含有大量病毒，造成灰尘、土壤污染，再通过空气引起禽类之间的传播。活禽在拥挤、卫生状况差的市场进行交易，也是传播的一种途径。通过活家禽的国际贸易，禽流感可从一个国家传播到另一个国家。自然界中鸟类带毒最为广泛，迁徙鸟类，包括野生水禽、海禽和岸禽类，对本病传播起着重要作用。家禽的自由流动、与野生鸟类共用水源或者使用一个可能被感染的野生鸟类粪便污染的水源，病毒传播的危险性最大。

禽类禽流感的潜伏期一般为 1 周，有的感染几小时，甚至几天就会发病，最长可达21天。防护措施是根据潜伏期来决定的，如消毒以后没有疫情要多少天解除封锁，也是根据潜伏期决定的。国际上规定是21天，过了21天如果没有疫情发生，就证明这个疫情被消灭掉了。需要注意的是，潜伏期之内是可以传染的，我们经常看到，鸡场里有好几排鸡舍，当这个鸡舍的鸡开始发病，我们就赶快采取紧急措施把这些鸡全部杀掉，消毒隔离，但是过几天以后，那个鸡舍也会发病。

禽类感染后发病有两种形式：低致病性禽流感仅引起轻微的症状，有时仅表现为羽毛皱乱和产蛋量下降。高致病性禽流感禽类可突然死亡，且死亡率高，饲料和饮水消耗量及产蛋量急剧下降。病鸡

读者提问

为什么高致病性禽流感多发生在冬、春季节?

回答：高致病性禽流感一年四季都可以发生，但是冬、春季节是高发期。原因有几个方面：①病毒对温度比较敏感，夏季时在环境中很快会死亡，而冬季存活时间很长；②冬、春季由于要保暖，所以禽舍通风不如夏天好，通风强度不好，容易导致病毒扩散，造成呼吸道黏膜受到一些刺激；③病毒在冬季环境中，尤其是在粪便中存活时间比较长，如果处理不好，在不同禽舍之间通过粪便污染物进行传播的机会大大增加。冬季如果在一些饲养条件不好的养鸡场，保温、管理等跟不上，鸡的体质、免疫力会受到很大影响，导致容易感染发病。

极度沉郁，头部和面部水肿，鸡冠出血或发绀、脚鳞出血。鸭、鹅等水禽可见神经和腹泻症状，有时可见角膜炎症，甚至失明。

如何防控禽场发生禽流感？

禽流感是一个危害极大的烈性传染病，尤其是近年来一系列的人感染禽流感、病人发病和死亡事件表明，高致病性禽流感已经获得感染并能致死人的能力，使得禽流感已经成为一个人兽共患的烈性传染病，具有重要的公共卫生学意义。如何加强对禽流感的控制和预防是当前禽流感研究的一个重点和难点。禽流感的防控技术主要包括有效的免疫预防和饲养管理措施。

1. 免疫预防和血清学监测　疫苗免疫是预防禽流感最经济、最有效的手段。世界上许多国家和地区都采用灭活疫苗免疫作为控制禽流感的主要策略。我国对高致病性禽流感实行强制免疫措施，免疫密度必须达到100%，抗体合格率达到70%以上。所用疫苗必须采用农业部批准使用的产品，并由动物防疫监督机构统一组织、逐级供应。所有易感禽类饲养者必须按照国家制定的免疫程序做好免疫接种。除用疫苗进行平时的预防外，在暴发高致病性禽流感时，疫苗免疫也是防止病毒进一步扩散的一个重要措施。

血清学监测对于禽流感尤其是高致病性禽流感的流行情况的掌握和制定有效的免疫程序有着非常重要的意义。积极主动做好禽群的禽流感疫病的血清学监测，追踪群体内的免疫状态和特异性抗体水平，可间接反映禽体内免疫状态、病毒的感染或曾经感染状态。根据血清学监测的结果，可以时刻调整本地区的免疫预防策略，合理使用恰当的疫苗和相关控制措施来保证禽群的禽流感安全性，从而可以更加有针对性地预防和控制禽流感的大面积暴发和流行。对养殖场户每年要进行两次病原学抽样检测，散养户不定期抽检，对于未经免疫的禽类以血清学检测为主。病原学检测通过采取群体内的咽喉拭子和/或泄殖腔拭子，用 RT－PCR 方法进行，发现疑似感染样品，应按照国家规定送到国家禽流感参考实验室确诊。血清学检测采用血凝和血凝抑制试验。

2. 加强饲养管理　预防禽流感的发生，仅仅依赖于疫苗的免疫是不够的，必须坚持疫苗免疫和饲养管理相结合的原则，认真实施、贯彻好综合防制措施，才能更好地发挥疫苗的免疫效果。从流行病学调查情况看，饲养环境好、饲养设施比较健全的养殖场很少发生高致病性禽流感疫情。在发达国家，特别是在没有使用疫苗免疫来预防禽流感的国家，预防禽流感主要是靠加强养殖条件的提高和改善。在我国很多出口的养鸡场，也不进行高致病性禽流感疫苗免疫，就是靠饲养设施、严格的管理和完善的制度来预防高致病性禽流感，而且很成功。相反，饲养条件简陋，甚至开放式的饲养，几乎没有什么饲养设施、饲养条件，这样的禽群就非常容易受到禽流感病毒的感染。

禽场的选址应该尽量远离城市和交通要道，远离其他禽类养殖场，并且在禽场的附近不要有大面积的水域或池塘，防止疾病从其他水禽或野禽中传入。另外，控制家禽制品的不合理流通，也是控制本病传播的重要措施，家禽引种时尽量从非禽流感疫区或无禽流感的种鸡场引进鸡群和种蛋。在日常饲养管理上，加强车辆、人员来往的控制，定期对鸡群进行带鸡消毒，并消灭飞鸟、蚊蝇、鼠类等以切断病毒一切可能的传播途径。在家禽交易市场上，严格管理好活禽交易场所，防止家禽的残留物到处飞散，并及时对环境垃圾进行无害化处理，防止病毒的残留和散播。

3. 加强高致病性禽流感发生后的管理　高致病性禽流感暴发后，各级政府相关职能部门应该立即将疫情疫源地进行封锁，坚决扑杀感染禽只和彻底进行环境消毒，同时对周围地区家禽进行紧急疫苗预防接种，以便最快地将病毒在原地彻底清除，防止疫情扩散。这些措施的执行效果主要取决于以下几个方面。

首先，能否及早发现并及时上报禽流感疫情，这是一个国家的禽流感疫情能否有效控制的决定性问题。基层的兽医工作者及每个养殖户都应该对该病有一个大概的了解，同时还应该认识到，报告疫情是每一个公民的责任和义务，当发现有禽群逐步出现大量死亡时应重点怀疑是否可能为烈性传染病，并且应该及时向有关部门报告。常常有一些养殖户为了一点小小的经济利益，不顾可能给他人及国家带来的严重后果，知道家禽可能得的是禽流感，却把发病甚至死亡的家禽卖给一些不法商贩，甚至是在没有任何生物安全防范措施的条件下长途运输，造成禽流感疫病的扩散和蔓延。

其次，是对疫点进行封锁、对发病家禽的扑杀及相关设施的无害化处理。这些措施往往在有关部门的监督下进行，一般来说不会有太大的问题。但是要注意的是对那些可疑受到污染的饲料、禽蛋等物品应坚决处理，以绝后患。

另外，要做好紧急接种。在疫点周围，对受到威胁或可能受到威胁的家禽用与疫情暴发点相同亚型的高效疫苗进行紧急免疫接种，建立起一道坚强的免疫屏障。需要注意的是必须保证这个屏障的完整性，不可有漏免的家禽。否则，很可能会功亏一篑。

由于禽类是禽流感病毒的天然宿主，尤其是野禽无所不在，对于控制禽流感暴发和做出准确的预测更加困难。因此，做好禽流感病毒的流行病学研究以及禽流感病毒分离株的生物学特性差异的研究，对于更合理地制定禽流感相关防制措施、筛选高效的疫苗株等诸多方面具有重要的指导意义。同时，也可通过这些方面的研究发现流行毒株对人类致病的潜在可能性，进而采取相关措施防止病毒在人群中的扩散和传播，起到疾病的预警预报作用。

禽流感病毒对人的危害

禽流感病毒可通过消化道和呼吸道进入人体传染给人。人类直接接触带有相当数量病毒的物品，如家禽及其粪便、羽毛、呼吸道分泌物、血液等，即可引起感染。也可经过眼结膜和破损皮肤引起感染。禽流感的高危人群包括老年人、儿童以及密切接触病禽的人，如兽医以及长期从事鸡、鸭、鹅、猪等动物饲养、贩运、屠宰的人员。长期以来，科学家认为禽流感很难在人群中传播，但是现在他们担心病毒会发生变异，从而可以导致大规模的人传人。

人感染禽流感后潜伏期一般在 7 天以内。早期症状与普通流感非常相似，主要表现为发热（多在39℃以上）、流涕、鼻塞、咳嗽、咽痛、头痛、全身不适，部分患者可有恶心、腹痛、腹泻、稀水样便等消化道症状，少数患者可见眼结膜炎。部分患者胸部X线片会显示单侧或双侧肺炎，少数患者伴胸腔积液。大多数患者病程短、恢复快、预后良好且不留后遗症，但少数患者特别是年龄较大、治疗不及时的患者病情会迅速发展成进行性肺炎、急性呼吸窘迫综合征、肺出血、胸腔积液、全血细胞减少、肾衰竭、败血症休克及Reye综合征等多种并发症，直至死亡。如果不进行及时治疗，病死率较高。

治疗原则：①一般治疗。隔离1周或至主要症状消失。病人需卧床休息，多饮水，适宜的营养，补充多种维生素，保持鼻咽及口腔清洁。症状重者应住院治疗。在出现细菌性并发症时才使用抗生素。②对症治疗。有高热及头痛者，可用物理降温或给予解热镇静剂，小儿禁用阿司匹林。对高热、呕吐者应予以静脉补液。对咳嗽、咯痰者，可服用止咳、祛痰药。③服用抗流感病毒药物。应在发病48小时内试用抗流感病毒药物，目前常用的有奥司他韦（达菲）、金刚烷胺和金刚乙胺等。大多数患者经及时治疗后均可治愈。病人一旦出现疑似症状，应及时就医。一旦被怀疑为H5N1病毒感染，应马上住院隔离治疗，并报告疫情，防止病情恶化和传染扩散。

如何预防人类感染禽流感?

在人类预防方面，因为没有疫苗，通过健康

的生活方式增强机体抵抗力显得非常重要。平时应加强体育锻炼，多休息，加强营养，避免过度劳累，不吸烟；保持室内空气流通，注意个人卫生，打喷嚏或咳嗽时掩住口鼻，清洁口鼻后应及时洗手；在禽、鸟中发现疫情时，应尽量避免与病死禽、鸟的接触，食用鸡肉应彻底煮熟，食用鸡蛋时蛋壳应用流水清洗，应烹调加热充分，不吃生的或半生的鸡蛋；不擅自向私人购买活禽、死禽，或从外地引入鸟类，或没有个人防护用具接触不知原因的死禽、死鸟；远离家禽的分泌物，接触过禽鸟或禽鸟粪便，要注意用消毒液和清水彻底清洁双手。

防治警示

防治人感染高致病性禽流感关键要做到“四早”，指对疾病要早发现、早报告、早隔离、早治疗。早发现：当自己或周围人出现发烧、咳嗽、呼吸急促、全身疼痛等症状时，应立即就医。早报告：发现人感染病例或类似病例，及时报告当地医疗机构和疾病控制机构。早隔离：对人感染病例和疑似病例要及时隔离，对密切接触者要按照情况进行隔离或医学观察，以防止疫情扩散。早治疗：确诊为人感染患者，应积极开展救治，特别是对有其他慢性疾病的人要及早治疗，经过抗病毒药物治疗及使用支持疗法、对症疗法，绝大部分病人可康复出院。

读者提问

读者提问：为什么说一般情况下，禽流感病毒不容易传给人类？

回答：首先，人呼吸道上皮细胞不含禽流感病毒的特异性受体，即禽流感病毒不容易被人体细胞识别并结合；其次，所有能在人群中流行的流感病毒，其基因组合必须含有几个人流感病毒的基因片段，而禽流感病毒没有；第三，高致病性禽流感病毒由于含碱性氨基酸数目较多，使其在人体内的复制比较困难。

读者提问：吃煮熟的禽肉、蛋会被传染吗？

回答：禽肉或禽蛋被煮熟煮透后，病毒可被杀死，传播的可能性较小，目前尚未发现由于吃禽肉及禽蛋而受到感染的病例。但如果病禽未经煮熟煮透食用，病毒就可能进入人体。需要注意的是，许多人禽流感病例在家庭屠宰以及随后在烹饪之前处理病禽或死禽期间获得感染，所以必须禁止屠宰和食用受感染禽、鸟（无论病禽和死禽），以及禁止食用来自疫区的禽蛋，非疫区的禽蛋也不能生食或不煮熟食用。另外，还应该尽量避免操作过程中的交叉污染问题。

读者提问：人不接触病死家禽是否就一定不会感染禽流感病毒？

回答：不接触病死禽不一定不会感染人禽流感。人感染禽流感有多种途径，而且在没有采取严格防护措施的情况下，密切接触人禽流感病例也有可能，但是这种概率非常低。目前看来，主要感染来源就是接触病死禽。因此，从公共卫生角度考虑，公众还是应该避免和病死禽的接触。

读者提问：禽流感病毒为何易发生变异?

回答：禽流感病毒基因组包括 8 个负链的单链 RNA 片段，编码 10 个病毒蛋白。不同毒株间基因重组率很高，流感病毒抗原性变异的频率快，而这种变异性能够引起传播力的变化。A 型抗原变异性最强，经常发生小的变异，单一位点突变改变了表面蛋白的结构，也改变了它的抗原或免疫学特性，逐渐地适应人类。而当细胞感染两种不同的流感病毒粒子时，病毒的 8 个基因组片段可以随机互相交换，发生基因重排，有可能产生高致病性毒株，就直接具有在人与人之间传播的能力。当流感病毒发生大的变异或亚型转变时，就可能引起世界性流感大流行。

由于猪与人的种间差异较小，禽流感病毒可以在猪体内与人流感病毒杂交，并产生能感染人的新的流感病毒。目前有学者认为，造成 2009 年人间大流行的甲型 H1N1 流感病毒毒株，是直接或间接由人流感病毒与禽流感病毒基因重组演变而来的，而猪正是这一组基因重组的主要场所。

读者提问：流感疫苗可预防禽流感吗?

回答：迄今为止，尚未研制出供人类使用、能有效预防禽流感的疫苗。流感疫苗不能有效预防禽流感，但可预防禽流感与人流感重叠形成的新病毒引起的流感暴发，也有助于减低因感染流感所致并发症的可能性。因此，专家建议老年人及长期患慢性疾病的病人注射流感疫苗。需要注意的是，流感病毒因其会随外界环境刺激（药物刺激、射线刺激等）及简单的基因结构不断发生变异使其能逃脱动物产生的特异性抵抗力。人们研制出了各种预防禽流感的疫苗，但机体在产生特异性抗体后，病毒常常发生变异而逃脱机体的扑杀，这样原有的抗体即失去作用，病毒就可使动物重新发病。

深层次阅读

农业部.高致病禽流感防治技术规范（2007716151735）.
农业部.高致病性禽流感疫情处置技术规范（试行）（2005）.

七、四川猪链球菌病给我们的启示

猪链球菌病是由C、D、E及L群链球菌引起的猪的一种急性、热性传染病，表现为急性出血性败血症、心内膜炎、脑膜炎、关节炎、哺乳仔猪下痢和孕猪流产等，属于我国规定的二类动物疫病。值得注意的是，猪Ⅱ型链球菌可感染特定人群并致病，临床表现为发热、寒战、头痛、食欲下降等一般细菌感染症状，重症患者可合并中毒性休克综合征和脑膜炎综合征，并可导致死亡，危害严重。四川人—猪链球菌病事件的发生引起了对本病的高度重视。

四川人—猪链球菌病事件回顾

2005年6月下旬以来，四川省资阳市相继发生了以急性发病、高热、伴有头痛等全身中毒症状，重者出现中毒性休克、脑膜炎为主要临床表现的病例。经卫生部、农业部督查组和专家组调查确诊，此次疫情是由猪Ⅱ型链球菌引起的人—猪链球菌感染。本次流行分布于资阳、内江、成都等12个市，

37个县（市、区），131个乡镇（街道），195个村（居委会）。累计病死生猪647头，受感染发病人数204例，其中死亡38例，为国内外迄今为止报道的最大规模人感染猪链球菌病疫情。2005—2008年，我国人感染猪链球菌报告病例的病死率为9.09%～18.27%，始终维持在较高水平。

人感染猪链球菌并引起发病的情况比较少见，1968年丹麦学者首次报道了3例人感染猪链球菌导致脑膜炎并发败血症的严重感染病例，以后已有数十个国家报道了此类病例。在1968—1989年间，全球有108例猪链球菌所致人体感染病例。截至2000年，全球已有200余例人感染猪链球菌病例，地理分布主要在北欧和南亚一些养殖和食用猪肉的国家和地区，国外多数学者把它当作屠宰工人的职业病。猪链球菌在我国已流行多年，1981年上海嘉定县某猪场仔猪流行链球菌病。其后北京、广东等地均先后有所流行。1984—1993年在香港地区发现25名猪链球菌感染病例，其中15人与猪或猪肉有职业性接触，4人在住院前16天有明显的皮肤破损史。1998年江苏暴发重症链球菌病，数万头生猪死亡，有25位从业人员感染发病，其中14人死亡，从病人的血液、脑脊液和病死猪组织中分离到人与猪同源且致病力极强的Ⅱ型猪链球菌。2007年又在越南等东南亚国家肆虐，本病已成为越南和香港地区致成人脑膜脑炎的第一和第三大病原。

认识猪链球菌

引起猪链球菌病的病原体是猪链球菌，属于链球菌属。链球菌为无芽孢、有荚膜的革兰氏阳性菌。Lancefield 分类法按照细胞壁内含多糖成分将链球菌分成 A 至 V 等 20 个血清群，猪链球菌属于 R、S、T 群。猪链球菌按照荚膜抗原的不同分成 35 个血清型，即 1～34 和 1/2 型，其中 1/2 型为同时含有Ⅰ型和Ⅱ型抗原的菌株。Ⅱ型猪链球菌主要是 R 群，而Ⅰ型猪链球菌主要是 S 群。感染人的猪链球菌分别是Ⅱ型、Ⅰ型和ⅩⅣ型，尤以Ⅱ型最常被分离到，致病性也最强。Ⅱ型猪链球菌对环境理化因素的抵抗力差，对常见消毒剂都敏感。在 4℃冷藏的生肉可存活 42 天，常温下可在粪便中存活 8 天，60℃水中能存活 10 分钟，在煮沸的水中可立即杀死该菌。故猪肉煮熟煮透比较安全。

猪链球菌病对猪的危害

链球菌在自然界分布甚广，也常存在于健康人和动物的呼吸道、消化道、生殖道等。在动物机体抵抗力降低和外部环境变化诱导下，会引起动物和人发病。猪链球菌主要感染猪，不同年龄、品种和性别猪均易感，人、狗、猫、牛、马、羊、兔等亦可感染。该病在新发病区，尤其是集约化猪场，常常突然暴发，传播迅速，发病率和致死率都很高，以后病势转缓，成为零星发生为主，时有小群发病。在农村以散发地方性流行为主，偶有跳跃式小区域暴发；发病时常与猪瘟等病混合发生。从外地引入带菌的猪常会引起本地感染的流行。猪群饲养密度过大，猪舍卫生条件差、通风不良、气候突变、转群、长途运输及其他各种应激因素等都可诱发本病的发生与流行。

病猪和带菌猪是本病的主要传染源，病原主要存在于感染发病动物的排泄物、分泌物、血液、内脏器官及关节内。对病死猪的处置不当和运输工具的污染是造成本病传播的重要因素。主要经消化道、呼吸道和损伤的皮肤感染。猪感染后，临床可表现多种类型，急性型以脑膜炎和败血症为主，慢性型以关节炎、心内膜炎、淋巴结脓肿为特征。根据感染发病的种类不同，发病率及死亡率均有不同。

治疗原则：将病猪转入隔离病房进行治疗。患病猪及病死猪大量带菌，尽量不要剖杀病猪而应深埋。病愈猪可长期带菌、排菌，应严格隔离饲养或淘汰。对已感染发病猪，可选用敏感药物进行肌肉注射，同时应掌握早用药、药量足、疗程够的原则，对受威胁猪群或可疑病猪尽早进行预防性投药。需要注意的是，猪链球菌已经对部分抗生素产生了耐药性，给临床治疗带来了一定困难。发生此病应在彻底大清除的基础上，选用有效的消毒药物反复做好消毒工作。

猪链球菌病如何感染人？

链球菌病主要通过 3 种途径传播给人：皮肤伤口、消化道和呼吸道，尤其是损伤的皮肤。有研究报道，与猪或猪肉制品密切接触的人员（如屠宰场工人及饲养员等）较其他人群感染的概率高 1 500 倍，宰杀、加工、食用病死猪和运输工具的污染是造成猪链球菌传播的重要原因。1998 年江苏省和 2005 年四川省在猪群暴发猪链球菌病期间人感染发病者均为病猪处理人员或接触过病猪肉者，并可通过蚊虫叮咬传播。近年在意大利发现无猪及猪肉制品接触史的人患猪链球菌病的病例，暗示可能猪链球菌已可在人与人之间传播。

人感染猪链球菌病后如何进行诊断和治疗？

人感染猪链球菌后潜伏期较短，平均为 2～3

天，最短可数小时，最长7天。病人感染后起病急，临床表现为畏寒、发热、头痛、头昏、全身不适、乏力、腹痛、腹泻。外周血白细胞计数升高，中性粒细胞比例升高，严重患者发病初期白细胞可以降低或正常。重症病例迅速进展为中毒性休克综合征。部分病例表现为脑膜炎，恶心、呕吐，重者可出现昏迷。脑膜刺激征阳性，脑脊液呈化脓性改变。另外，猪链球菌还可侵入人体的关节、眼睛和心脏等，引起化脓性关节炎，眼内炎和心内膜炎等。人类感染后有的预后良好，若无并发症，一般能够痊愈；有的病死率很高，可达75%～80%。免疫功能缺陷的人群感染猪链球菌，往往病症较重。

如果发现临床症状可疑病例，应结合流行病学史和实验室检测结果进行诊断。如果当地有猪疫情存在，病例发病前1周内有与病（死）猪等家畜的接触史，如宰杀、加工、洗切、销售等，血液化验外周血白细胞计数升高，中性粒细胞比例升高，可以判定为疑似病例。进而采集全血或尸检标本等无菌部位的标本纯培养后，经形态学、生化反应和PCR法检测鉴定为猪链球菌，即可确诊。需要注意的是：人医的实验室常常忽视这种细菌造成的危害，因此人感染猪链球菌常常被误诊。

治疗原则：该病发病急，进展快，重症病例病情凶险。所以一旦被感染发病，各地医疗机构要组织专家加强对病人的救治，尽最大可能减少死亡。临床治疗包括一般治疗、病原治疗、抗休克治疗、DIC（弥漫性血管内凝血）治疗等措施。只要及时就医，由于链球菌的耐药性并不厉害，一般可以起到很好的疗效。详情请阅读卫生部颁布的《人感染猪链球菌病诊疗方案》(2006)。

如何控制人—猪链球菌病?

本病虽然是一种人兽共患病，但是到目前为止，还没有人与人之间传染的病例出现，控制起来就容易得多。如果确认为猪链球菌，那么能控制好问题的源头——病猪，就不会让疾病范围扩大。因此，人类预防的重点应放在猪身上。主要采取以控制传染源（病、死猪等家畜）、切断人与病（死）猪等家畜接触为主的综合性防治措施。

1. 在有猪链球菌疫情的地区强化疫情监测　发现疑似病例应立即向当地疾病预防控制机构报告。疾病预防控制机构接到报告后立即开展流行病学调查，同时按照突发公共卫生事件报告程序进行报告。从事人感染猪链球菌病例调查、采样、临床救治、实验室检测和消毒工作的医务卫生人员均应采取严格的个人防护措施，严防发生感染。

2. 加强健康宣传教育，高度重视病（死）家畜

的危害性 饲养人员、屠宰加工人员、兽医、从事动物疫情处理的工作人员应加强自身防护，如戴胶皮手套、防止发生外伤、严格消毒等，皮肤有伤口时尽量避免接触猪和猪肉，防止被感染。养猪户一旦发现病（死）家畜，要及时向当地兽医行政部门报告，严禁宰杀、加工、销售、食用病（死）家畜，对死猪按无害化处理的要求就地消毒、深埋，禁止抛入河、沟、塘等水体。群众不要购买及食用病、死猪肉。

3. 兽医部门要建立、健全生猪疫情报告制度，对病、死猪进行调查和病原分离与鉴定 实行生猪集中屠宰制度，统一检疫，严禁屠宰病、死猪；同时加强上市猪肉的检疫与管理，禁售病、死猪肉。任何单位和个人发现患有本病或疑似本病的猪，应当及时向当地动物防疫监督机构报告。疫情确诊后，应当立即按照《猪链球菌病应急防治技术规范》进行严格处理，对于病（死）家畜应立即进行消毒、焚烧、深埋等无害化处理。对病例家庭及其畜圈、禽舍等区域和病例发病前接触的病、死猪所在家庭及其畜圈、禽舍等疫点区域进行消毒处理。

4. 畜牧兽医部门组织力量，查清动物疫情范围，落实各项防控措施

（1）对疫区加强免疫预防 猪链球菌病流行在夏、秋季多发，潮湿闷热的天气多发。因该病发病突然，病程急，病猪一旦出现临床症状，再采取药物治疗，常常未等抗菌药发挥作用，病猪已呈急性败血症死亡。因此，在该病高发季节到来之前，加强疫苗的免疫非常重要。另外，由于猪链球菌血清型较多，应尽量使用与疫区流行的链球菌血清型相符的疫苗。目前尚无人用链球菌菌苗。

（2）搞好严格消毒　定期消毒，坚决消灭环境中的病原体，是免疫预防技术措施的补充。免疫前后，机体还没有建立有效免疫保护能力，很容易感染病菌，所以一定要加强消毒。发生疫情时，消毒应该更加严格。

（3）化学药物预防　由于猪链球菌血清型较多，如果疫苗与流行菌株血清型不同会大大降低免疫保护力，所以对于有猪链球菌疫情的地区，以及与病猪有密切接触的同栏猪等可以给予预防用药，可以有效减少猪疫情。没有生猪疫情的地区，不提倡预防服药，以防耐药菌株产生。

（4）加强饲养管理　四川猪链球菌病事件调查表明，所有疫情均发生在农村、地处偏远、经济条件较差的地区，也只发生在散养户，且大都为卫生条件差、圈舍通风不良、阴暗潮湿的养殖场。卫生条件相对较好的养殖大户和规模化养殖场未见疫情报告。这与链球菌是条件性致病菌，饲养管理不当常常会诱发相对应。因此，必须加强饲养管理，提高猪群抵抗力。主要措施包括：猪场应实行多点式饲养，坚持“全进全出”制度，防止各类猪只交叉感染，特别要注意母猪对仔猪的传染；搞好猪舍内外的环境卫生，保持清洁干燥，通风良好；高密度圈养是诱发该病发生的主要因素，因此饲养密度必须科学合理；仔猪断脐、剪牙、断尾、打耳号等要严格用碘酊消毒，当发生外伤时要及时进行处理，防止从伤口感染病菌。不同日龄阶段和不同体重的猪尽量做到分开饲养。病猪的排泄物（粪、尿）污染的圈舍，以及（鼻液、唾液）污染的饲料、饮水等均可引起猪大批发病而造成流行。因此，应保持猪舍和场地环境清洁，坚持猪栏和环境的消毒制度，保持圈舍环境卫生，对发病猪严格隔离饲养，死猪做深埋处理。

特别关注

农村受传统习俗观念影响，婚丧嫁娶都习惯杀猪宰羊，在自家院里摆宴招待亲朋，这其中对牲畜的屠宰加工往往就缺少了必要的卫生检疫程序。“自家养的猪干净”这种观念让病猪肉入口的机会大大增加，私自宰杀病猪和食用病死猪，猪链球菌病会通过伤口、消化道等途径传染给人。因此，养猪专业户和农民朋友应提高警惕，对自家饲养的生猪及时进行消毒和免疫，不要轻易食用未经合法屠宰检验程序加工的猪肉，更不能将病死的猪肉加工食用或出售。

读者提问

煮熟的猪肉吃了后会不会感染猪链球菌病?

回答：猪链球菌对于高温比较敏感，只要把肉烧熟，细菌就可以被高温杀死，因此进食煮熟的猪肉一般不会引起感染。需要注意的是，细菌会产生外毒素，这些外毒素中绝大多数可以高温杀灭，但有个别是耐高温的，所以也可能引起疫病。因此，病死猪肉一律不准食用。

深层次阅读

农业部.猪链球菌应急防治技术规范（2005）.
卫生部.人感染猪链球菌病诊疗方案（卫医发［2006］461号）.
卫生部.全国人感染猪链球菌病监测方案（2009）.

八、布鲁氏菌病

布鲁氏菌病（也称布氏杆菌病），又叫马耳他热、波状热，是由布鲁氏菌引起的一种人兽共患传染病，在临床上以流产、子宫内膜炎、睾丸炎、腱鞘炎、关节炎等为主要特征。本病广泛分布于世界各地尤其发展中国家，给人类健康及经济动物养殖业带来了很大的威胁和损失。我国布鲁氏菌病主要分布在东北、华北和西北地区。近年我国布鲁氏菌病疫情逐年上升，并正在从传统疫区向非疫区蔓延，再度成为国内多地区严重公共卫生和社会经济问题。因此，与结核病相似，被列为再度肆虐的传染病。

布鲁氏菌病的流行状况

自 1887 年英国军医 Bruce 在马耳他岛首次从死于“马耳他热”的士兵脾中分离到布鲁氏菌，迄今已 100 多年。据统计，在世界 200 多个国家和地区中已有 160 多个存在人畜布鲁氏菌病，分布于世界各大洲。在 20 世纪 80 年代中期以前，世界上多数国家和地区布鲁氏菌病疫情稳定，发病率处于低水平；自80年代后期，世界上部分国家和地区人间布鲁氏菌病疫情出现回升，在亚洲、非洲及南美洲尤为明显。

我国自1905年首次在重庆报告两例布鲁氏菌病以来，现已在全国29个省（自治区、直辖市）发现有不同程度的流行。我国布鲁氏菌病疫情流行可分为三个阶段：

严重流行阶段（20世纪70年代前）：疫情最为严重，1957—1963年、1969—1971年出现两次流行高峰。人间平均感染率为10%～20%，患病率4%～8%，年均新发近6000人；动物感染率羊为11%～22%，牛为14%～23%，猪为5%～36%。北方大部分省、自治区疫情相当严重，家畜布鲁氏菌病阳性率最高可达60%～70%。

稳定下降阶段（20世纪70—90年代初）：由于我国在牧区采取了“检疫、免疫、扑杀病畜”的综合性防治措施，取得了很好的效果，布鲁氏菌病疫情大幅下降，人感染率为0.3%～5%，年发病400～500人，最低时不足300人。动物感染率羊为0.43%～1.8%，牛为0.4%～0.8%，猪为0.3%～1.8%。80年代末到90年代初，我国布鲁氏菌病疫情得到了有效控制，吉林、甘肃、宁夏、陕西、辽宁、上海、北京、天津达到我国规定人畜布鲁氏菌病控制标准，全国原有1292个疫区县，648个基本控制，243 个稳定控制。

再度肆虐阶段（20 世纪 90 年代后）：进入 90 年代中期以后，我国布鲁氏菌病发病率逐年上升，1996—2000 年一直波动在 0.09/10 万～0.25/10 万之间，其发病率是 1992 年的 9～25 倍。进入 21 世纪后，布鲁氏菌病疫情加重趋势愈加明显，根据中国疾病预防控制中心公布的数字，2001—2009 年布鲁氏菌病发病人数逐年递增。2006 年，全国共报告发病 19 013 例，远远超过历史发病人数最多的 1963 年（12 097 例）。2009 年，我国报告布鲁氏菌病发病 37 104 人，是 1992 年的 169 倍。布鲁氏菌病发病县数由 1999 年的 127 个，增加到 2008 年的 763 个。历史上没有或几十年无布鲁氏菌病的省份近年也发现了病例。

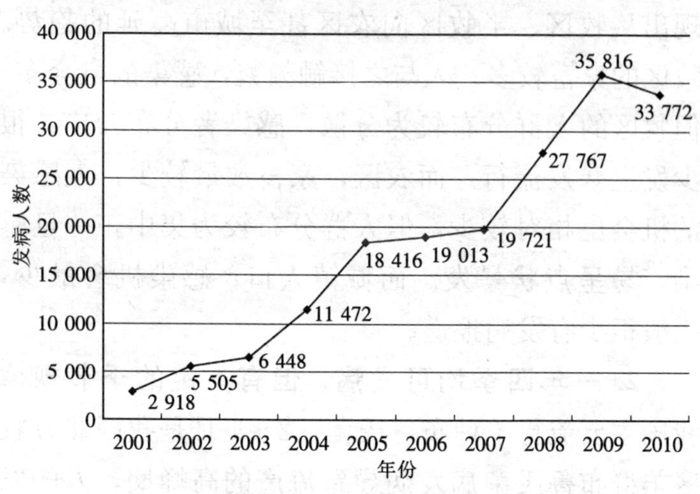

图 2　我国 2001—2010 年布鲁氏菌病发病人数

（资料引自中国疾病预防控制中心）

布鲁氏菌病疫情反弹的主要原因可能是由于家畜及其产品的流通日益频繁，带菌牲畜检疫难度较大，引种检疫不严格和未按要求严格隔离等因素导致疫情跨区域传播；很多地方重视程度不够，疏于有效管理；养殖户认识和饲养管理不到位，如许多牧民给羊接羊羔时不戴手套和口罩而造成感染等。

当前人间布鲁氏菌病流行有哪些规律？

1. 疫情波及范围广　除贵州和海南外，其他29个省（自治区、直辖市）均有人间布鲁氏菌病疫情报告。以奶牛、羊主产区疫情较为严重，牧区的感染率高于农区，农区的感染率高于城镇，但疫情呈现出从牧区、半牧区向农区甚至城市蔓延的趋势。牧区的家畜较多，人与之接触频繁，感染的机会多。但牧区的人群分布较为分散，感染者分布较广，很少发生暴发流行。而农区，家畜数量较少，人感染的机会也相对较少，但人群分布较为集中，一旦感染，易呈点状暴发。而城镇人口，感染机会最少，一般很少有发病报道。

2. 一年四季均可发病，但有一定的季节规律　我国主要流行羊种布鲁氏菌，2～4月是我国北方牧区羊群布鲁氏菌病发病导致流产的高峰期，人的发病高峰则是4～5月。夏季因剪羊毛和饮奶多，也可出现发病小高峰。猪种和牛种布鲁氏菌的发病流行区内，季节性规律则不明显。

3. 不同人群发病率亦不同 其发病率高低取决于与家畜、家畜排泄物、奶产品、肉产品接触的机会的多少。在牧区，男性与女性发病率基本一致；在农区，男性的发病率高于女性。与潜在感染源接触机会较多的职业人员如兽医、畜牧者、屠宰工人、毛皮加工者的发病率也较高。另外，随着畜牧产品贸易及人口流动更加频繁，人们饮食结构的改变以及对皮毛制品的需求增加，导致布鲁氏菌病在农区及城镇的发病增加，并且职业间、性别间及年龄层次间的差距逐渐减小。

如何理解本病对动物的危害？

60 多种家禽、家畜及野生动物被报道是布鲁氏菌的宿主，人和羊、牛、猪、马、鹿等多种动物均可感染发病，其中牛、羊、猪最易感。母畜比公畜，成年畜比幼年畜发病多。在母畜中，第一次妊娠母畜发病较多。感染家畜可通过分泌物（乳、精液、阴道分泌物等）和排泄物（粪、尿等）向体外排菌，是危险的传染源。流产胎儿、胎衣、羊水等含有大量布鲁氏菌，最为危险。另外，被病畜污染带有布鲁氏菌的物品都可作为传染源。特别要重视发生流产的母畜，因为妊娠母畜是最危险的传染源。消化道、呼吸道、生殖道是主要感染途径，也可通过损伤的皮肤、黏膜等感染。

布鲁氏菌病会引起母畜流产、不孕，公畜出现睾丸炎，导致家畜繁殖能力和生产能力下降，并影响畜产品的质量和安全，造成严重经济损失。

如何理解本病对人的危害?

布鲁氏菌病在人与人之间的直接传播很少。人间布鲁氏菌病一般来自患病动物、患病动物的污染物，或者布鲁氏菌的活菌操作。主要通过消化道、呼吸道以及皮肤和黏膜接触传播。①消化道感染：食用被病菌污染的食品、水，或食用染病动物的未经消毒的乳类和未煮熟的肉、内脏等均可经消化道传播本病。②皮肤及黏膜接触传播：在饲养病畜、挤奶、剪毛、屠宰、为病畜接生及加工皮毛、肉等过程中直接接触病畜或其粪、尿、阴道分泌物、流产物等均可感染。③呼吸道感染：布鲁氏菌污染环境后，可在空气中形成气溶胶，人体吸入后，可发生呼吸道感染。人的空气传播主要见于屠宰场和皮毛加工企业等。

人发病年龄多在 30 岁以上。潜伏期 1～3 周，平均 2 周，可长达 3～9 个月。潜伏期的长短与病原菌的菌型、毒力、菌量及机体抵抗力等诸多因素有关。临床表现复杂多变，症状各异、轻重不一。初期症状表现为长期发热（有时低热）、多汗、头痛等，与感冒症状很像，很多患者当感冒治，越治越严重。1～3个月以内为急性发病期，这一时期如果及时治疗，大部分可痊愈。但可怕之处在于诊治不及时就易进入慢性期，表现为全身关节疼痛，无法站立，只能趴在床上，严重的还有神经系统的损伤，基本丧失了劳动能力，成为能吃不能干活的“懒汉”，故又称“懒汉病”。本病也可侵害生殖系统，造成男性睾丸单侧肿大和孕妇发生流产。

治疗原则：①基础治疗和对症治疗：主要包括休息，科学饮食、加强营养，减轻患者病痛，如关节痛严重者可用5%～10%硫酸镁湿敷、高热者用物理方法降温等。②抗菌治疗：急性期以抗菌治疗为主。③菌苗疗法：适用于慢性期患者，但肝、肾功能不全者、有心血管疾病、肺结核者以及孕妇忌用。在及时和正确的治疗情况下，本病可以治愈且不复发，也不会留下后遗症。如果延误了诊断和治疗，则治愈后可能留下一定的后遗症，主要表现为某些骨关节部位疼痛，甚至出现一定程度的功能障碍，当气候变化时表现更为突出。因此，要尽快确诊，及时治疗。

如何防控人和动物的布鲁氏菌病?

1. 健康教育　布鲁氏菌病属于人兽共患传染病，其预防和控制离不开卫生部门和农业部门的密切配合。两部门应进一步加强协作，组织开展多种形式的健康教育活动，普及布鲁氏菌病防治知识，尤其要提高基层医务人员对布鲁氏菌病的认识程度，强化公众特别是高危人群的自我防护意识。

2. 在动物环节，做好引进动物检疫、饲养管理、环境卫生和消毒工作是预防布鲁氏菌传播和感染的重要手段　对饲养家畜的场所、粪便等进行综合管理，既能防止人、畜得病，又能做到科学饲养。针对不同地区采取不同的监控措施，非疫区以监测为主，稳定控制区以监测净化为主，控制区和疫区实行监测、扑杀、免疫相结合的综合防治措施。一旦查出家畜患有布鲁氏菌病，必须及时严格扑杀。不能偷偷卖掉或运走患病家畜，以免造成疫情扩大。对患病动物污染的场所、用具、物品都应严格消毒。

3. 人类预防布鲁氏菌病应采取的主要措施　屠宰场、饲养场、畜产品加工厂等大型企业的工作人员在与牲畜接触时应着防护服、口罩、帽子、胶靴、围裙、胶手套、线手套、套袖等。小型企业或家庭饲养人员可根据实际情况选择合适的个人防护措施。

中国疾病预防控制中心在全国20个省（自治区、直辖市）建立了21个监测点，以了解布鲁氏菌病疫情信息和掌握疫情动态。出现布鲁氏菌病患者应按传染病管理法规定的乙类传染病的报告时间及程序进行报告，一般不应超过24小时。病人应及时进行规范治疗。因布鲁氏菌病人不传人，故对病人及接触者均不需隔离。对患者所居住环境等也无需特殊处理，但应对周围人群进行检疫，发现可疑者应及时处理；对引发布鲁氏菌病的传染源必须追查，对患者家中及邻居饲养家畜进行流行病学调查，调查牲畜流产状况、患者接触牲畜历史，接触程度，食用乳、肉或内脏情况等。对查出的可疑畜及乳、肉制品等应及时进行消毒或深埋、焚烧等无害化处理措施。

读者提问

人类可不可以进行布鲁氏菌病疫苗接种？有哪些注意事项？

回答：世界上只有少数国家主张给人预防接种，我国是其中之一。我国使用的人用疫苗为104M株弱毒活菌苗，以皮上划痕进行接种，需要注意避免误用皮下或肌肉注射。其他注意事项还有：①疫苗接种范围应限于从事牲畜密切接触工作的人以及从事该病原研究的人员，接种前必须进行皮肤试验，阴性者方可接种。②对患有急性传染病及发烧病人，有严重的心、肾功能不良者、孕妇、泌乳期妇女都不宜接种。③接种疫苗后，免疫期一年，而且不宜年年复种，必要时可在第二年复种一次。④接种时间应在每年羊只产羔季节前 2～4 个月完成。

深层次阅读

农业部.布鲁氏菌病防治技术规范（200771615186）.
卫生部.全国人间布鲁氏菌病监测方案（2005）.
中华人民共和国国家标准.布鲁氏菌病诊断标准及处理原则（GB15988—1995）.
卫生部.布鲁氏菌病诊断标准（WS269—2007）.
中华人民共和国国家标准.动物布鲁氏菌病诊断技术（GB/T 18646—2002）.

九、日本乙型脑炎

日本乙型脑炎又称流行性乙型脑炎，简称乙脑，是由日本乙型脑炎病毒引起的主要侵害中枢神经系统的急性人兽共患传染病。主要通过蚊虫叮咬进行传播，不仅可以引起猪的感染，给养猪业造成巨大的经济损失，还会对人类的中枢神经系统造成严重的危害。

本病最早于1935年在日本发现，故名日本乙型脑炎。我国1940年从脑炎死亡病人的脑组织中分离出乙脑病毒，证实有本病存在。据估计，全球每年平均乙脑发病5万多例，死亡1.5万人，57%～68%的治愈者留有神经后遗症，其中严重者占18%，约半数病人有记忆缺损，3/4有运动失调和智力机能受损。亚洲是乙脑发病人数最多的地区，而我国又是亚洲发病人数最多的国家。我国每年约有几千例乙脑病例，对人们的健康以及公共安全都造成了极大的威胁。

乙型脑炎是怎样传播的？

乙脑主要通过蚊虫的叮咬进行传播，三带缘库蚊传播性最强。受乙脑病毒感染的人和动物通过蚊子叮咬传播均可成为本病的传染源。乙脑病毒能在蚊体内进行繁殖，并可越冬，经卵传递，成为次年感染猪、马等多种动物以及感染人的主要来源。由于乙脑经蚊虫传播，因而它的流行与蚊虫的活动有着密切的关系，表现为流行具有明显的季节性，80％的病例发生在7、8、9三个月。

马、猪、牛、羊、鸡、鸭等多种动物都可以感染乙脑，其中马最易发病，猪的感染也极为普遍，而其他家畜多为隐性感染。由于我国养猪数量多，猪感染后病毒血症期的维持时间很长，同时猪的饲养时间短，幼仔出生率高而又缺乏免疫力，受蚊子叮咬后几乎100％被感染，而且受感染时间比人早2～4周，这样就构成了猪→蚊→猪或人的传播环节。另外，野鸟在本病传播中也可能起一定作用。

乙型脑炎感染对人和猪有哪些危害？

大多数的人都容易感染该病，其中以10岁以下，尤其是2～6岁的儿童感染最多，平均2/3的感染发生于15岁以下的儿童并可引起致死性脑炎。男性的感染比率大于女性。成人多为隐性感染，但儿童感染后则发病比较急。潜伏期一般为10～14天，可短至4天，长至21天。临床症状为急性发病，发热、头痛、喷射性呕吐，发热2～3天后出现不同程度的意识障碍，重症患者可出现全身抽搐、强直性痉挛或瘫痪等中枢神经症状，严重病例会出现中枢性呼吸衰竭而导致死亡。详细诊断标准见卫生部颁布的《流行性乙型脑炎诊断标准》（WS 214—2008）和《流行性乙型脑炎诊断技术》（GB/T 18638—2002）。人感染乙脑后虽然可以治愈，但是病愈后常会留有一定的神经系统后遗症。

本病主要感染种公猪和6月龄左右母猪，其特点是感染率高，发病率低，死亡率低；新疫区发病率高，病情严重，以后逐年减轻，最后多呈无症状的带毒猪。感染的妊娠母猪尤其是初产母猪常发生流产或早产，胎儿多是死胎或大小不等呈黑褐色或茶褐色的木乃伊胎。患病公猪常发生睾丸肿胀。

如何做好对乙型脑炎的防治工作？

乙脑的死亡率及后遗症相当厉害，但人在感染后尚未有很有效的治疗方法，所以预防仍是防治乙脑的关键。因为本病主要经蚊虫传播，所以控制本病应将免疫接种和消灭蚊虫相结合。

1. 开展防治乙脑知识的普及教育运动，提高自我保护能力，对易感人群如儿童要及时接种乙脑疫苗，以迅速提高免疫力。儿童是乙脑的主要发病群体，因此，预防接种是预防儿童乙脑的最主要措施。目前，我国人用乙脑疫苗包括灭活疫苗和减毒活苗两种，这两种疫苗在免疫后均可达到较高的免疫保护率。正确接种乙脑疫苗必须去正规医院并严格按照国家规定的免疫程序进行，如国家规定接种乙脑灭活疫苗的免疫程序为：基础免疫共注射两针，出生后满6月龄的婴儿开始接种第一针，7～10天后接种第二针，1岁半至2岁龄及4岁时各加强免疫一针，6岁时再加强免疫一针；对于乙脑流行地区的儿童，应对6岁以下乙脑免疫史不详或未按免疫程序全程接种的儿童进行应急接种。

2. 在乙脑疫情流行期间，不要惊慌，更不能盲目选择治疗方式。老年体弱者和儿童应尽量减少外出，即使外出，也要穿长袖上衣和长裤，谨防被蚊虫叮咬。对于乙脑患者因为目前尚无特效治疗药物，主要以对症、支持、综合治疗为主。

3. 消灭蚊子并防止蚊子的叮咬是预防日本脑炎的最有效方法，可以使用驱蚊药物进行预防，以切断传播途径，减少人群感染机会。

4. 加强猪场乙脑的防控，也是预防人感染本病的重要措施。同时，乙脑也是严重危害养猪业的重大疫病之一，所以养猪户应把预防猪乙脑的工作作为重中之重。猪场应采取的主要措施如下：

（1）*及时注射乙脑疫苗*　接种乙脑疫苗是提高

猪群特异性免疫力的有效措施，这项措施不但可以预防乙脑在猪场的流行，还可以降低猪只的带毒率，同时也为控制本病的传染源和控制人群中乙脑的流行发挥着重要作用。猪乙型脑炎灭活疫苗可用于预防，种猪于配种前即 6～7 月龄时或蚊虫出现前 20～30 日注射疫苗两次；经产母猪及成年公猪每年注射 1 次；在乙脑暴发的严重疫区，对其他类型猪群也应进行预防接种。除此以外，在蚊虫开始活动前的 1～2 个月，对 4 月龄以上至两岁的公、母猪，可用乙型脑炎弱毒疫苗进行预防注射，到第二年再加强免疫一次，免疫期可达 3 年，并可达到较好的预防效果。

（2）清理沟渠，悬挂纱网　及早整理好养猪场内外的排水渠道，清除场内的各种杂草；雨后要及时疏通管道和沟渠，防止场内雨水存积。处于低洼地区的养猪场，更需要注意做好防涝工作。夏季蚊子活动较多时，应在猪圈舍内钉纱窗，门口上悬挂纱网或安装纱网门，及时喷洒驱蚊药和杀虫药，同时还要注意墙壁裂缝、顶棚空隙等小角落的清理工作。

（3）做好猪只排泄物的清理工作　要及时清理猪场内的粪便和污水，排粪沟和化粪池应加盖水泥盖板，小型养猪场最好将粪便运到场外进行发酵处理，散养户也应注意及时打扫圈舍、清理粪便，防止积粪积尿时间过长，同时猪舍和饲养管理用具也要进行严格消毒。

（4）加强防范意识　乙型脑炎一旦发病将给养殖场造成严重的经济损失，所以要特别重视和加强对乙脑的防控工作，积极配合有关部门做好易感猪群的监测和免疫，做好猪只的管理工作。乙脑尚无有效的治疗方法。对于种猪，一旦确诊最好淘汰，并严格处理死胎儿、胎盘及分泌物等。

深层次阅读

卫生部.流行性乙型脑炎诊断标准（WS 214—2008）.

中华人民共和国国家标准.流行性乙型脑炎诊断技术（GB/T 18638—2002）.

十、高度关注的生物恐怖疾病

——炭　疽

炭疽是由炭疽杆菌引起的一种急性、热性、败血性人兽共患病，是《中华人民共和国传染病防治法》规定的乙类传染病，其中肺炭疽按照甲类传染病管理。人间炭疽病例以皮肤炭疽最为常见，多为散发病例，肺炭疽及肠炭疽病死率高。羊、马、牛等草食动物最易感，常造成急性败血症。本病分布于世界各地，尤其以南美洲、亚洲及非洲等牧区较多见，为一种自然疫源性疾病，多发于多雨洪涝季节。炭疽杆菌是可能被用于制造生物恐怖的主要病菌之一，给人类健康和畜牧业发展造成严重危害。我国已基本控制本病，主要在北方地区散发但仍然是屠宰检疫中的必检项目之一。

网络上广泛关注的炭疽热病毒是什么?

自美国发生炭疽粉末事件后，网络上广泛关注“炭疽热”和“炭疽热病毒”。其实炭疽热就是炭疽，炭疽热病毒是民间误传，实际上是炭疽杆菌。炭疽杆菌是一种革兰氏阳性粗大杆菌，无鞭毛，不运动。在病料中呈短链或散在，有明显的荚膜，菌体两端平截、呈竹节状。荚膜的形成可以防止炭疽杆菌在人和动物体内被吞噬细胞所吞噬，增强了该细菌的致病力和抵抗力。对培养基营养要求不严，在普通营养琼脂平板上可生长，菌落呈灰白色、表面粗糙，卷发状。炭疽杆菌在动物体内不形成芽孢，对外界环境抵抗力不强。但适当温度（25～30℃）时暴露空气后可形成芽孢，对外界环境抵抗力极强。

炭疽病的流行特点

各种家畜都易感，草食动物最易感，羊、马和牛易感性最强，骆驼、水牛及野生草食动物次之，猪有一定的抵抗力。本病对野生动物也是可怕的灾难。在非洲的河马、加拿大的北美野牛和美国得克萨斯的鹿群中，都有过炭疽的严重流行，死亡惨重。多发于吸血昆虫多、多雨洪涝季节。

患病动物和因炭疽而死亡的动物尸体以及污染的土壤、草地、水、饲料都是本病的主要传染源。病畜体内的细菌可随粪、尿、唾液以及天然孔出血排出体外。尸体处理不当，可使大量病菌散播于周围环境。若不及时处理可形成芽孢，芽孢对环境具有很强的抵抗力，当芽孢污染土壤、饲料、水源等时，常常成为长期性疫源地，致使该地区人群和畜群连年不断发病。主要经消化道而感染，也可经损伤的皮肤黏膜、吸血昆虫叮咬和呼吸道感染。

炭疽病对动物可造成哪些危害？

不同动物抵抗力不同，从而表现为不同临床特征。绵羊、牛常为急性败血症。外表健康的动物突然倒地，全身痉挛，体温升高，呼吸极度困难，可视黏膜发绀，口、鼻、肛门等天然孔流出带泡沫的暗红色血液，血液凝固不良，黏稠如煤焦油样。常于数分钟内死亡。动物死亡后表现尸僵不全。牛、马可形成“炭疽痈”，颈部、咽部、胸部、腹下、阴囊或乳房等皮肤和直肠或口腔等部位黏膜发生界限明显的局灶性炎性肿胀，硬固，热痛，可形成坏死或溃疡。猪抵抗力较强，常取慢性经过，主要为局限性咽颊炎型，临床症状不明显，常常在死后才能发现。屠宰过程中必须加强本病的检验，检疫部位是头部的下颌淋巴结，表现为一侧或双侧下颌淋巴结肿大出血，切面散在暗红色小坏死灶，周围组织不同程度黄红色胶样浸润。猪有时也表现为肠型炭疽，常伴便秘或腹泻等。轻者恢复，重者死亡。

饲养过程或屠宰过程中根据流行特点、典型症状和病理变化怀疑为本病时，必须按照农业部颁布的《炭疽防治技术规范》(2007) 慎重进行确诊和处理。需要特别注意的是，由于病菌形成芽孢后具有极强的抵抗力，严禁在非生物安全条件下进行疑似患病动物、患病动物尸体的剖检，以免病菌暴露空气后形成芽孢，污染环境后造成持久疫源地。

小故事

英国一人买下一块曾是炭疽污染屠宰场的土地。他把土地翻耕后周围不断有牲畜发生炭疽。检查发现是由于翻耕而使深处土层的炭疽杆菌散播后导致的。政府勒令他清除污染，他想尽了一切消毒办法，但检查仍可查出病菌。周围筑起篱笆，邻人的牛、羊依然发病；把整块土地铺上水泥地面，可水泥外围还能查出细菌。

炭疽病对人类可造成哪些危害?

人对炭疽普遍易感，主要发生于接触感染动物或带菌畜产品机会较多者，因此也是一种职业病。人类主要通过接触炭疽病畜的毛皮和肉类而感染，也可以通过吸入含有炭疽芽孢的粉尘或气溶胶而感染。我国自然疫源地分布广泛，炭疽病例时有发生。临床表现主要为皮肤炭疽、肠炭疽和肺炭疽三种类型，继发败血症和经血液传播至脑膜可形成脑膜炭疽。

1. 皮肤炭疽　最为常见，占95%～98%，常常由皮肤直接接触病料造成，多为散发病例。潜伏期1～5天，最长可达2周。多见于手、脚、臂、面、颈、肩等暴露部位的皮肤，开始表现为类似蚊虫叮咬的小疱，然后出现丘疹、浆液性或出血性水疱，周围组织肿胀及浸润，继而中央坏死形成溃疡性暗红色或黑色焦痂，焦痂周围皮肤发红、肿胀。病变部位无疼痛反应，有轻微痒感。多出现发热（38～39℃）、头痛、关节痛等症状。少数严重病例，局部呈大片水肿和坏死。病死率不高，可以彻底治愈，部分甚至可以自愈。

小知识

许多日常生活用品采用动物产品为原料，也造成很多感染发病的机会。有报道一位钢琴家因钢琴琴键为兽骨所制而感染炭疽，一皮革厂工人夏天赤膊搬运牛皮而先后因炭疽死亡4人。20世纪30年代美国医学会杂志曾刊载一封英国伦敦来信，讲述兰博斯市小商店曾购进一打剃须用毛刷，后发现感染炭疽，业者奉命追回同批货予以销毁，在追回11把以后，第12把始终无踪影。三年后有病人死于炭疽，经查证正是那第12把猪毛刷引发的。

2. 肺炭疽 常常由呼吸道感染引起。多见于羊毛分级员、骨粉厂工人、饲养员、配种员和防疫员，职业性强。表现为流感样症状，低热开始，干咳，胸闷、胸痛，咳痰带血，重者寒战、高热、呼吸窘迫、气急喘鸣、咳嗽、紫绀、血样痰等，并可伴有胸腔积液。听诊肺部有散在的湿啰音。X线显示纵隔增宽、胸水及肺部浸润性阴影。常并发败血症及脑膜炎，若不及时诊断、积极抢救，患者很快发生感染性休克、呼吸衰竭或循环衰竭而死亡，死亡率高达89%。目前尚未发现人与人的传播。

3. 肠炭疽 食用污染食物引起。症状轻重不一，轻者恶心呕吐、腹痛、腹泻，便中无血，可于数日内恢复。重者表现为腹痛、腹胀、腹泻、血样便等，易并发败血症及感染性休克而死亡，死亡率也较高，占到25%～60%。人与人之间的直接传播很少，即使是管理和探访患者也不必担心会被传染。

4. 脑膜炭疽 多继发于各型炭疽和败血症。表现剧烈头痛，呕吐，昏迷、抽搐和脑膜刺激征，脑脊液多呈血性。病情发展迅猛，常因误诊得不到及时治疗而在发病后2～4天内死亡。

5. 败血症 多继发于各型炭疽，除局部症状加重外，表现为全身中毒症状，寒战，高热，衰竭等。

如发现上述临床症状，应进行流行病学调查。首先调查是否为特殊职业者，如农牧民、屠宰者、肉类及皮毛加工者，或者与这些特殊职业者密切接触；然后调查是否2周内接触过污染的皮毛、病畜或可疑病畜的肉、血和内脏，或者在可能被炭疽杆菌污染的地区从事耕耘或挖掘等劳动，吸入污染的尘埃。确诊需要进行实验室检查（详细见卫生部颁布的《炭疽病诊断治疗与处置方案》)，但必须做好卫生防护，避免造成病原的扩散，引起更大的危害。

如何防控炭疽的发生?

1. 防疫管理 加强对出入国境或本地区的动物及其产品（特别是来自牧区的动物皮毛）的检疫。对检出的发病动物或带菌产品，要按有关规定宰杀、消毒或无害化处理。加强相关职业人员的个人防护，如穿着工作服、戴手套和口罩等。

2. 免疫预防 对炭疽常发地区的草食动物，应定期进行炭疽疫苗预防接种。对特殊职业者也可接种减毒活疫苗。

3. 监测和扑灭措施 确诊为动物炭疽时，应迅速上报疫情，封锁疫区和疫点、隔离病畜。采用不放血的方法处死病畜，严禁解剖和剥皮食用。焚烧或深埋病尸、病畜粪便及被污染的垫草等。对可疑病畜和同群畜进行治疗和预防，对封锁地区及周围的易感动物进行紧急预防接种。污染的场地、用具等用20%漂白粉或10%热烧碱溶液消毒，连续进行3次。疫点内最后一头病畜清除后14天，经彻底消毒，方可解除封锁。

加强人群炭疽的监测工作，按照《全国炭疽监测方案（试行)》进行。发现患病或疑似患病病人，应严格执行隔离治疗措施，避免与健康人群接触，造成疾病蔓延。治疗以抗生素治疗为基础，同时采取以抗休克、抗弥散性血管内凝血为主的疗法，并根据情况辅以适当的对症治疗。同时对病人的废弃物品、病人污染的物品等进行焚毁。污染的环境和不能焚毁的物品使用有效方法消毒。炭疽病人死亡后，其口、鼻、肛门等腔道开口均应用含氯消毒剂浸泡的棉花或纱布塞紧，尸体用消毒剂浸泡的床单包裹，然后火化。

恐怖分子为什么将炭疽杆菌作为生物武器?

炭疽在历史上广泛被恐怖分子作为生物武器使用，给人类健康和社会经济发展造成严重危害。美国疾病控制与预防中心（CDC）将炭疽杆菌作为 A 类恐怖病原，恐怖分子也将其作为三大最危险的生化武器之一（另外两种是天花病毒和沙林毒气），日本侵华战争时 731 部队所使用的生物武器就包括炭疽杆菌，美国及全球的炭疽粉末事件也引起了高度的关注。为什么恐怖分子广泛采用炭疽杆菌作为生物武器呢?

1. 炭疽杆菌容易培养　炭疽杆菌培养相对容易，对培养基营养要求不严，在普通营养琼脂平板上即可生长，便于大量生产，同时还可长期保存。

它能以液态或固态存在，液态喷洒在空气中形成细微薄雾。芽孢烘干后可与其他粉状物混合，人吸入空气中飘浮的粉末就会感染。

2. 炭疽杀伤力强 一小瓶炭疽毒液针剂就可以使300万人中毒死亡。美国前国防部长科恩1998年曾在电视上手拿一袋2.25千克重的白糖说，要袭击一个大城市，需要同等重量的炭疽病菌即可。

3. 炭疽几乎永不死亡 该菌在动物体内或未解剖尸体内不形成芽孢，对外界环境抵抗力不强。但形成芽孢后对外界环境抵抗力极强，干燥状态可存活32～50年，也可能更长。煮沸15～30分钟、高压蒸汽121℃经5～10分钟、干热150℃ 60分钟才可杀死。有效消毒药为甲醛、漂白粉、环氧乙烷和过氧乙酸等。

小故事

小故事1：抗战时期华北地区一批军马患了炭疽，被封闭在一间窑洞里。20世纪80年代，偶然窑洞被挖开。战马虽早成了枯骨，可扬起的灰尘却感染了挖土的民工，在村子里引起了流行，死了十几个人。

小故事2：英国一个小城里，有一个警察博物馆1997年进行维修时，清理出来的杂物中发现一支小玻璃管。人们惊异地发现，这一早被遗忘的东西，竟然于1918年缴获自一名德国间谍。经专业机构鉴定是炭疽杆菌，不仅活着，而且仍然具有致病能力。

小知识

美国“炭疽事件”：2001 年 10 月 3 日美国发生了炭疽邮件事件，5 人在短时间内暴死。炭疽恐慌逐渐散播到全世界，几乎各国都声称发现了病例，虽然大多被证实只是虚惊一场，但也着实让不少人惊出一身冷汗。随后，美国政府机构和邮政系统都进行了严格检查和消毒，邮政人员带上面罩和手套分拣邮件，制药商也忙着研发炭疽疫苗，似乎恐怖分子马上就会发动大规模的生化袭击。一时之间，美国全国到处都蔓延着恐慌气氛。

过去 400 年炭疽带来的灾难：1607 年欧洲炭疽病大流行，6 000 人丧生；1952—1980 年全球 80 000 人感染炭疽病，死亡 1 400 人；1979 年莫斯科以东斯维尔德洛夫斯克南部一工厂发生爆炸，死亡 1 000 余人，即“炭疽芽孢事件”；1917 年德国用炭疽菌生物武器攻击协约国军用骡马和城市；1935 年日本 731 细菌部队在我国东北地区研制、试验和使用包括炭疽菌在内的多种生物武器，千千万万同胞命丧炭疽，1942 年侵略军对浙江、江西等省进行细菌战，无数中华儿女被炭疽菌夺去了生命；1953 年朝鲜战争中美军在朝鲜和我国东北地区投掷、撒播带菌羽毛、玩具、黑蝇和狼蛛等，许多民众和儿童死亡。

深层次阅读

农业部.炭疽防治技术规范（20071615205）.

卫生部.全国炭疽监测方案（试行）（2005）.

卫生部.炭疽病诊断治疗与处置方案（卫医发［2005］497 号）.

表 5　美国疾病控制与预防中心对恐怖病原的分类

分类	细菌，立克次氏体，毒素	病　毒	总数（人兽共患病比例）
A	炭疽，肉毒毒素中毒，鼠疫，野兔热	天花，病毒性出血热	6（83%）
B	布鲁氏菌病，产气荚膜梭菌ε毒素，鼻疽，葡萄球菌肠毒素B，Q热		5（100%）
C	多重耐药结核	汉坦病毒，尼帕病毒，蜱传性脑炎病毒，黄热病	5（80%）

十一、疯牛病离我们有多远

疯牛病，是牛海绵状脑病（BSE）的俗称，是由一种称为朊病毒的病原引起的牛的一种慢性进行性神经系统疾病，也是人类感染后对政治、经济和社会带来严重冲击的一种重要的人兽共患病。疯牛病最早发生于英国（1985 年），以后逐渐传播至全世界。1996 年人类变异型克-雅氏病被确定由疯牛病所引起后，引起英国乃至全世界的空前恐慌，甚至引发了政治与经济的动荡，一时间人们“谈牛色变”。世界卫生组织将该病和艾滋病并立为世纪之交危害人体健康的顽疾。我国目前还没有该病的报道，但仍必须加强进出口检疫和国内牛群监测工作。

疯牛病的发现和流行

1985 年 2 月 11 日，英国一个名叫斯坦特的农场中的 133 号牛变得跌跌撞撞，无法站立，两三个月后死去。人们将这种具有传染性的牛病叫做疯牛病。英国兽医专家对病牛的大脑进行解剖时，发现脑组织呈海绵状变性。根据病理变化，1986 年 11

月将这种疾病定名为牛海绵状脑病。其后发现的疯牛病病例数不断增加。1986—2002年，英国确诊18万头牛感染，扑杀病牛及可疑牛360万头，1 000℃高温下焚烧，每年仍有约8万头疑似病牛。截至2002年，英国共屠宰病牛1 100多万头，经济损失达数百亿英镑。因此，新闻媒体报道“疯牛病掏空了英国的国库”。

1989年，疯牛病第一次出现在英格兰以外的国家（冰岛）。此后，北爱尔兰、爱尔兰、葡萄牙、瑞士、法国、比利时、丹麦、德国、卢森堡、荷兰、西班牙、列支敦士登、意大利等国相继有疯牛病的病例报告。1998年疯牛病跨出欧洲，来到南美洲的厄瓜多尔。2001年日本发现亚洲首例疯牛病，2002年以色列发现该国首例疯牛病，2003年加拿大发现北美大陆首例疯牛病。1985年至今，全世界共有27个国家发生了疯牛病。其中，2005年全世界有19个国家发生疯牛病490例，2006年全世界12个国家发生疯牛病377例，2007年发病的国家有11个。

在欧美许多国家，习惯把牛、羊等动物的内脏和骨头加工成牲畜饲料，再喂食给牲畜。而调查表明，牛发生疯牛病主要是由于吃了患痒病的羊的下脚料及肉骨粉饲料，通过食物链进行传播。因此，欧洲禁止使用肉骨粉作为饲料添加剂后，本病逐渐得到控制。感染的母牛所生的小牛也能天然感染，但概率较低。目前尚未发现疯牛病在牛群内个体之间相互传染。

大多数发病的牛在4～6岁，2岁以下罕见。临床表现为神经错乱，行为反常，烦躁不安，对声音和触摸，尤其是对头部触摸过分敏感，当有人靠近或追逼时往往出现攻击行为。步态不稳，经常乱踢以至摔倒、抽搐。后期出现强直性痉挛，两耳对称性活动困难，痴呆，粪便坚硬，心搏缓慢，呼吸频率增快，体重下降，极度消瘦、产奶量减少，且多数病牛食欲良好。病程一般为14～90天，最终死亡，死亡率可达100%。

疯牛病对人类的危害

疯牛病与人克-雅氏病有相似的病理变化和临床特征。但长期以来认为克-雅氏病不会在异类之间传播，同样，也认为疯牛病与克-雅氏病之间没有任何内在联系。但研究者逐渐证实，疯牛病主要是通过患痒病的羊的下脚料及肉骨粉饲料而引起的，疯牛病反过来也能感染羊导致“疯牛病”型痒病，猫吃了以牛肉（骨）为基础的饲料后也会患上疯牛病，说明本病可以在不同动物之间传播。由于牛肉及其相关制品与人们生活关系极为密切，疯牛病能否传染给人类，引起人们的极大关注。

1995年以后，在疯牛病流行最烈的英国，发现有人患有与传统的克-雅氏病不同的疾病，患者为十几岁至三十岁的年轻人，他们首先出现忧郁症，后来不能行走，并呈现精神障碍等痴呆症状。患病后脑部受损，症状日益严重，最终因并发症而导致死亡。他们既无家族史也无脑部手术史，这就不能排除这样一种可怕的假设：通过食用牛肉可能感染类似疯牛病的克-雅氏病。1996年3月20日，英国政府宣布，英国20余名克雅氏病患者与疯牛病传染有关，引起世界的震惊。自1995年至2008年4月，全球诊断出的变异型克-雅氏病共有207例，其中英国166例，法国23例。变异型克-雅氏病在全球不同地区的出现，引起了全球的恐慌。疯牛病逐渐成为威胁人类健康的重要公共卫生问题。

虽然朊病毒可以造成多种动物感染，但目前认为只有牛的海绵状脑病对人具有感染性。人感染疯牛病可能通过三种途径：①饮食感染。这也是人感染疯牛病的主要途径。人食用了病畜及其污染的肉食品，如牛肉和牛肉制品，尤其是内脏和骨髓，可能被感染。②通过孕妇胎盘垂直传播。据2003年3月5日英国《泰晤士报》报道，英国出生了一名婴儿患有疯牛病，可能是通过母体胎盘垂直传播，因为这名产妇有典型的疯牛病症状。③医源性感染。如由输血、医疗器械、脑部手术、器官移植、角膜移植、生物制品感染等。患病的牛脑、牛脊髓、牛血、牛骨胶制成的药物（如脑垂体生长激素、促性腺激素等），都会传染疯牛病。某些化妆品使用动物原料的成分（如胎盘素、羊水、胶原蛋白、脑糖），所以也可能含有朊病毒。人类使用这些化妆品时，也有可能造成感染。

人感染后可引起变异型克-雅氏病。50～70岁高发，临床表现为睡眠紊乱，个性改变，焦虑、压抑、行为畏缩，共济失调，失语症，视觉丧失，物理性肌肉萎缩，肌阵挛，进行性痴呆，发病一年内死于植物神经功能衰竭或肺部感染等并发症。病理特征同样为小脑和大脑皮层海绵状变性。目前，对于疯牛病的治疗尚缺乏有效方法，属于“不治之症”。人们只能采取相应措施预防，最关键的是不食用没有安全保证的牛肉及其制品，不使用非正规途径进口的生物制品，尤其是那些来自疯牛病正在流行的国家的。家族性疾病的未患病成员更应注意预防。出现症状以后应到医院检查，配合医生对症处理。

如何防控疯牛病进入我国?

虽然我国目前还没有疯牛病，但为了防止疯牛病传入我国，农业部2008年公布的动物疫病名录将

读者提问

我国有没有疯牛病?

回答：根据我国权威机构进行的流行病学检测结果，我国尚未发现疯牛病。其原因可能有三个方面：①我国传统上遵循“同类不相食”的原则，牛饲料中以草料为主，一般不含动物骨粉；②中国人饮食习惯与欧洲不相同，牛肉摄入量很少；③欧洲乃至全球疯牛病发生后，我国采取了严格的检疫措施，严禁发病国家的牛肉及牛制品进入我国，切断了国外疯牛病进入我国的途径。目前随着全球疯牛病的减少和饲料禁令的落实，发病的风险在日趋降低。

其列为一类动物疫病，农业部和有关部门多次下发了通知，要高度重视本病的防控工作。具体措施如下：

1. 严防死守，避免国外疯牛病传染到我国 要严格口岸检疫，严禁从疯牛病发病国家或地区进口牛及牛肉、牛组织、脏器、胚胎等产品，禁止邮寄或旅客携带来自疯牛病发病国家或地区的上述物品或产品入境，一旦发现，即行销毁；严禁以动物性肉骨粉或动物源性的饲料添加剂饲喂动物；对所有进口牛（包括胚胎）及其后代（包括杂交后代）进行全面追踪调查。

2. 加强我国牛群疯牛病的监测工作 由于机体对疯牛病的感染不产生保护性的免疫应答反应，所以本病不能像其他病那样进行疫苗接种来预防。因此，国家必须坚持对疯牛病进行长期监测并建立强制性疫情报告制度。如果一旦在牛群中发现本病，病牛及其同群牛一律扑杀并进行焚烧处理。

3. 做好实验室安全防护　许多疾病的发生都是实验室病原泄露所造成的，因此，必须加强实验室的生物安全管理，避免实验室病原的泄露问题。

关于朊病毒的几个知识：

(1) 朊病毒是一种只有蛋白质没有核酸的特殊病原体　早在300年前，人们注意到绵羊和山羊患的“羊瘙痒症”。20世纪60年代，英国放射生物学家阿普将羊瘙痒症致病组织用放射线辐射灭活核酸，发现仍有感染性，提出羊瘙痒症的病因可能是不含核酸的蛋白质。但该观点有悖于当时科学家认为所有病原体都具有可复制的核酸的一般观念，也缺乏有力的实验支持，因而未得到人们的重视，甚至被视为异端邪说。直至1982年，美国神经学与生物化学家Prusiner逐步揭示了羊瘙痒症病原的本质。其病原比已知的最小的常规病毒还小得多，电镜下观察不到病毒粒子的结构，且不呈现免疫效应，说明它又不同于传统意义上的病毒。更重要的是，凡能使蛋白质消化、变性、修饰而失活的方法，均可能使病原失活；凡能作用于核酸并使之失活的方法，均不能导致病原失活。由此可见，该病原只有蛋白质而无核酸，为了把它与细菌、真菌、病毒及其他已知病原体相区别，将其命名为朊病毒，相应疾病称为朊病毒病。朊是蛋白质的旧称，朊病毒意思就是蛋白质病毒。Prusiner 凭借对朊病毒的研究获得1997 年诺贝尔生理学和医学奖。

(2) 朊病毒是由正常人与动物神经细胞表面存在的一种糖蛋白（PrPc）立体结构变化后形成的异常蛋白质（PrPsc），PrPc 没有感染性而 PrPsc 具有感染性。

(3) 朊病毒具有极强的抵抗力　该病原对多种因素表现出惊人的抗性，对物理因素，如紫外线照射、电离辐射、超声波以及 80～100℃高温均有相当的耐受能力，对化学试剂与生化试剂如甲醛、羟胺、核酸酶类等表现出强抗性。

小知识

20 世纪 50 年代初，居住在大洋洲巴布亚新几内亚高原的一个叫 Fore 的部落还处在原始社会，他们一直沿袭着一种宗教性食尸习惯，若干年后不少人出现震颤病，最终发展成失语直至完全不能运动，不出一年被感染者全部死亡。当地土语将这种病称为“Kuru”。Fore 部落原有 160 个村落、35 000 人，疾病流行期间 80%的人皆患此病，整个民族陷入危亡。美国 Gajdusek 和 Gibbs 与澳大利亚 Zigas 等人共同研究这种疾病，证实其发生与当地人食用人肉的祭祀方式密切关联，并提出了预防措施。1968 年停止该仪式后该病得到控制，从而拯救了一个部落的人群，Gajdusek 由此获得 1976 年诺贝尔生理学和医学奖。

（4）朊病毒能引起多种中枢神经系统疾病　朊病毒除能引起牛疯牛病外，还能引起绵羊痒病、貂传染性脑病、猫海绵状脑病、麋鹿慢性消耗性疾病，以及人类的库鲁氏病（kuru）、克-雅氏病、变异型克-雅氏病、格-史氏综合征、致死性家族性失眠症等疾病。这些疾病有一个统一的名字，即传染性海绵状脑病（TSE）。

读者提问

朊病毒能否造成大规模暴发?

回答：从“朊病毒”的本质来看，它是空间构型改变的正常蛋白质，是正常蛋白质变性所致；除非用人工注射等方法，朊病毒不可能在个体间传播，也不可能在人与动物间传播。如果从食用角度来看，由朊病毒致死的动物的肉制品含有朊病毒，在这些变性蛋白质进入人体后，它要完好地穿越消化系统各种蛋白质分解酶的作用，然后进入血液系统，进入同样含有它的正常构型的蛋白质的组织内，才能形成“朊病毒”的传播，导致疾病的暴发。可以看出，这一传播途径非常艰难，很难形成大量的传播和暴发。从疯牛病暴发的一些案例来看，每一次的暴发都仅有少数几头病牛，并没有大规模的在某一地区暴发。这可以支持以上的结论。

十二、血吸虫病

血吸虫病是血吸虫寄生于人或动物体内而引起的疾病。血吸虫种类较多，但严重危害人和动物的主要有三种，即日本血吸虫、曼氏血吸虫和埃及血吸虫。血吸虫分布于亚洲、非洲及拉丁美洲的 76 个国家和地区。我国的血吸虫病主要是由日本分体吸虫寄生于人和牛、羊、猪、犬等几乎所有哺乳动物的肝门静脉系统和肠系膜静脉系统的血管内，以造成不同程度损害为特征的人兽共患地方流行性寄生虫病。本病是一种历史悠久、严重危害人类健康的寄生虫病，流行于亚洲的中国、日本、菲律宾及印度尼西亚。我国长江流域及以南的 13 个省、自治区、直辖市均有流行，尤其以湖北、湖南、江西、浙江、安徽等省较为严重。

认识血吸虫病的病原

日本分体吸虫成虫雌雄异体，虫体呈长圆柱状，外观似线虫。虫卵椭圆形，淡黄色，卵壳较薄，无卵盖，在其一侧有一个小棘。卵壳内层有一薄的胚膜，内含一成熟的毛蚴。日本分体吸虫的生活史包括卵、毛蚴、母胞蚴、子胞蚴、尾蚴、童虫和成虫等阶段。终宿主为人或其他多种哺乳类动物，湖北钉螺是日本血吸虫唯一的中间宿主。

成虫寄生在人和动物的肝门静脉和肠系膜静脉内，雌雄成虫终生处于合抱状态。雌虫在近肠壁或肠壁黏膜下层的小静脉中产卵，虫卵一部分随血流到肝脏，一部分沉积在大肠壁。虫卵偶见于肺、脑等脏器。虫卵在宿主组织内发育成熟，卵内形成毛蚴。毛蚴分泌溶蛋白酶类、可溶性抗原物质等透过卵壳，进入组织刺激局部形成脓肿，使肠组织向肠腔破溃，虫卵可随溃烂组织进入肠腔，随粪便排出体外。虫卵入水后毛蚴可陆续逸出并在水中游动，在1～2小时内如遇不到钉螺则自行死亡。当遇到钉螺时，即趋集于钉螺周围，并钻进钉螺体内逐渐发育为母胞蚴、子胞蚴，之后可发育为数万条尾蚴。尾蚴在钉螺体内分批成熟，陆续逸出。尾蚴具有入侵人畜肌肤的能力。

当人（或畜）皮肤（或黏膜）接触含有尾蚴的水、湿泥、湿草时，尾蚴可于短时间内脱掉尾部侵入皮肤成为童虫。童虫在皮肤组织内停留数小时，然后钻入小淋巴管或小血管，到达静脉系统，随血流经右心、肺、左心、主动脉、肠系膜动脉、肠系膜静脉，移行到肝内的门静脉分支内发育。感染后

11 天左右，接近成熟的成虫便移行到肠系膜下静脉和直肠上静脉发育为成虫。成虫在动物体内生存的时间一般为 3～4 年，少数可活 20 年以上。

血吸虫病的流行状况

本病在我国有着悠久的历史，20 世纪 70 年代湖北江陵和湖南长沙出土的西汉古尸（肝脏、肠道）中查到了血吸虫虫卵，证实血吸虫病在中国流行历史 2100 年以上。20 世纪 50 年代以前，我国由于血吸虫病流行十分严重，造成疫区居民成批死亡，无数病人的身体受到摧残，致使田园荒芜、满目凄凉，出现许多“无人村”、“寡妇村”、“罗汉村”（腹水肚大如鼓）和“棺材田”等悲惨景象。如湖北省阳新县在 20 世纪 40 年代有 8 万多人死于血吸虫病，毁灭村庄 7 000 多个，荒芜耕地约 1.5 万公顷（23 万余亩）。1950 年，江苏省高邮县新民乡的农民在有螺洲滩下水劳动，其中 4 019 人患了急性血吸虫病，死亡 1 335 人，死绝 45 户，遗下孤儿 91 个，呈现出“万户萧疏鬼唱歌”的悲惨景象。1956—1957 年，我国对该病进行全面普查和防治试点工作。结果表明血吸虫病流行区遍及长江流域及以南，如江苏、浙江、安徽、江西、湖南、湖北、四川、云南、福建、广东、广西和上海等 12 个省（自治区、直辖市）。经过50多年，我国大部分流行区已消灭或控制本病。至1995年，广东、上海、福建、广西、浙江阻断本病传播。至2003年，110个县、市、区未控制，主要分布在水位难以控制的江湖洲滩地区（湖南、湖北、江西、安徽、江苏）和人口稀少、经济欠发达、环境复杂的大山区（四川、云南）。

小知识

1958年7月1日，人民日报报道余江县消灭了血吸虫疫情，毛泽东主席欣然赋诗《送瘟神》两首。

其一：绿水青山枉自多，华佗无奈小虫何！
千村薜苈人遗矢，万户萧疏鬼唱歌。
坐地日行八万里，巡天遥看一千河。
牛郎欲问瘟神事，一样悲欢逐逝波。

其二：春风杨柳万千条，六亿神州尽舜尧。
红雨随心翻作浪，青山着意化为桥。
天连五岭银锄落，地动山河铁臂摇。
借问瘟君欲何往，纸船明烛照天烧。

表6　中国内地2003年底血吸虫病报告统计推算

	2003年	防治初期（20世纪50年代）	减少百分数（%）
病人	84.3万	1 161.2万	92.74
晚期病人	2.44万	60万	95.93
急性感染	0.11万	约1万	89

近年来，由于疫情省份频繁发生洪涝灾害，导

致一些地区血吸虫病疫情反弹回升，钉螺扩散明显，感染性钉螺分布范围扩大，人畜共患威胁增加；病人数居高不下，局部传播严重，急性感染呈上升趋势；新疫区不断增加，部分已控制地区疫情严重回升。另外，随着全球气候变暖以及我国南水北调等水利工程的实施，血吸虫病疫区扩大的风险也不断增加。

血吸虫病对家畜的危害有哪些？

牛、羊、马、猪、狗、猫、兔、鼠、狐、豹等多种哺乳动物均可感染。黄牛和水牛为主，黄牛感染一般高于水牛；耕牛感染存在种间差别。黄牛年龄越大，阳性率越高，水牛的感染率却随着年龄的增长而降低。主要经皮肤感染，也可通过口腔黏膜和胎盘感染。一年四季均有发病，但 4～10 月既适于感染性钉螺逸放尾蚴，又有大批人畜下水从事生产等活动，极易造成人畜感染，所以发病较多。

家畜感染血吸虫的临床症状与动物类别、年龄、感染强度以及饲养管理等情况密切相关。一般黄牛的症状较重，水牛、羊和猪的较轻，马几乎没有症状。黄牛或水牛犊大量感染时，往往呈急性经过。首先是食欲不振，精神沉郁，行动缓慢。体温升高达 40～41℃，腹泻，里急后重，粪便带有黏液、甚至块状黏膜、血液。后期黏膜苍白，水肿，日渐消瘦，最后衰竭死亡。少量感染时，病程多为慢性经过。病畜消化不良，发育缓慢。患病母牛发生不孕、流产或产死胎，侏儒牛等现象。

血吸虫病确诊需要进行病原学检查和免疫学诊断。病原学检查可通过直接涂片法、水洗沉淀法、毛蚴孵化法，检查粪便中的虫卵和孵出毛蚴。对未经治疗的患者，检出虫卵即可确诊；对有治疗史的患者，只有检出活卵或近期变性卵才可确诊。死后剖检在门静脉系统查到虫体或虫卵结节也可确诊。也可采用尾蚴膜实验、环卵沉淀实验、间接血凝试验（IHA）、酶联免疫吸附试验（ELISA）等免疫学方法检测血液中的抗体、循环抗原或循环免疫复合物。

血吸虫病对人的危害有哪些?

血吸虫病对人的危害与患者的感染度、免疫状态、营养状况、治疗是否及时等因素有关。血吸虫病可分为侵袭期、急性期、慢性期和晚期。儿童和青少年如感染严重，使垂体前叶功能减退，可影响生长发育和生殖而致侏儒症。

1. 侵袭期　平均1个月左右。在接触疫水后数小时至2～3天内，尾蚴侵入处有皮炎出现，局部有红色小丘疹，奇痒，数日内即自行消退。当尾蚴行经肺部时，亦可造成局部小血管出血和炎症，患者可有咳嗽、胸痛、偶见痰中带血丝等。另外，未抵达肝门静脉的幼虫被杀死后成为异体蛋白，引起低热、荨麻疹、嗜酸性粒细胞增多等表现。

2. 急性期　一般见于初次大量感染1个月以后。临床上常有如下特点：①发热：热型不规则，可呈间歇或弛张热，热度多在39～40℃，伴有畏寒和盗汗。发热可持续数周至数月，轻症患者的发热较低，一般不超过38℃，仅持续数日后自动退热。②胃肠道症状：腹痛、腹泻。常呈痢疾样大便，可带血和黏液。重度感染者可出现腹膜刺激症状，腹部饱胀，有柔韧感和压痛，少数患者可形成腹水。③肝、脾肿大：绝大多数患者有肝脏肿大，有压、叩痛。脾脏充血肿大，可明显触及。④肺部症状：咳嗽相当多见，可有胸痛、血痰等症状。肺部体征不明显，但X线可见肺纹增加、片状阴影、粟粒样改变等。

3. 慢性期　多因急性期未曾发现，未治疗或治疗不彻底，或多次少量重复感染等原因引起，可持续10～20年。流行期所见患者，大多数属于此类。因其病程漫长，症状轻重可有很大差异。病变日益加重，导致胃肠功能失调，肝功能障碍和全身代谢紊乱，甚至引起体力衰竭、营养不良、贫血、影响身体发育等严重后果。绝大多数轻度感染者可始终无任何症状，过去亦无急性发作史，仅于体检普查，或其他疾病就医时偶然发现。患者可有轻度肝或脾脏肿大，或皮内试验阳性，血中嗜酸性粒细胞增高，或其大便查出虫卵或毛蚴孵化阳性。部分患者可见腹泻与痢疾样大便。

4. 晚期　病人极度消瘦，常有面部褐色素沉着、贫血、营养不良性水肿，肝硬化，后期出现腹水、巨脾，腹壁静脉怒张等严重症状。患者可随时因门静脉高压而引起食道静脉破裂，造成致命性上消化道出血，或诱发肝功能衰竭。性机能往往减退。晚期时肝脏缩小，表面不平，质地坚硬，脾脏呈充血性肿大。可并发上消化道出血、肝性昏迷等而致死。

如何防控血吸虫病?

对本病的预防以灭螺为重点，采取普查普治病人与病畜、管理粪便与水源及个人防护等综合措施。

1. 管理传染源　在流行区每年普查普治病人、病牛，做到不漏诊。阳性动物和病人采用吡喹酮、硝硫氰胺或青蒿琥酯等进行治疗，可使感染率显著下降。患病牛必须就地治疗，根治后才能卖出或调运到其他地区。

2. 切断传播途径 灭螺是预防本病的关键。应摸清螺情，因地制宜，采用物理灭螺或药物灭螺法，坚持反复进行。常用的灭螺药物有五氯酚钠和氯硝柳胺。近年来，结合农业生产结构调整和水利建设，通过硬化沟渠和生态灭螺也取得了很大的成绩。同时，应加强粪便管理与水源管理，防止人畜粪便污染水源。粪便需经无害化处理后方可使用。

3. 保护易感人群和畜群 避免家畜和人接触尾蚴污染的疫水，饮水要选择无钉螺的水源，专塘用水或用井水。加强个人防护。疫区牛、羊均应实行安全放牧，建立安全放牧区。

深层次阅读

2006 年国务院第 128 次常务会议通过并公布的《血吸虫病防治条例》.

卫生部.血吸虫病预防控制工作规范（卫疾控发［2006］439 号）.

中华人民共和国国家标准.日本血吸虫病诊断标准和处理标准（GB 15977—1995）.

中华人民共和国国家标准.家畜日本血吸虫病诊断技术（GB/T 18640—2002）.

十三、弓形虫病

弓形虫病，又称弓形体病，是由粪地弓形虫寄生于多种冷血和温血动物的有核细胞内引起的一种世界性分布的人兽共患原虫病，人和200多种动物都可感染。弓形虫病可使孕畜流产、死胎，急性弓形虫病可造成家畜的死亡。弓形虫感染孕妇后可引起流产，胎儿畸形或产出弱智儿。弓形虫感染成人后，可侵害神经系统、呼吸系统、心脏、淋巴内皮系统等多种器官或系统，并造成损伤，严重时会造成死亡。因此，弓形虫病具有重要的公共卫生意义。

认识弓形虫

粪地弓形虫为细胞内寄生虫，根据其发育阶段不同有五种不同的形态。在中间宿主中有速殖子和包囊两种形态。速殖子主要出现在急性病例，外面形成假包囊。速殖子典型形态为香蕉形、半月形或弓形，一端较尖，另一端钝圆，故名弓形虫。含数个或数千个缓殖子的包囊可出现在慢性病例的脑、骨骼肌、视网膜及其他组织细胞内。在宿主抵抗力降低时，缓殖子可转变为速殖子而引起急性发作。在终末宿主猫体内除了有速殖子（滋养体）和包囊外，其肠上皮细胞内有裂殖体、配子体和卵囊三种形态。

卵囊具双层囊壁，对酸、碱、消毒剂均有相当强的抵抗力。在室温可生存 3～18 个月，猫粪内可存活 1 年。对干燥和热的抵抗力较差。80℃ 1 分钟即可杀死。包囊在冰冻和干燥条件下不易生存，在 4℃时尚能存活 68 天。速殖子的抵抗力较差，在生理盐水中几个小时便丧失感染力。

弓形虫病的流行特点

弓形虫病属于动物源性疾病，广泛分布于全世界五大洲的各地区（温带、热带和寒带）。许多哺乳类、鸟类和爬行类动物都有自然感染，我国证实可自然感染的动物有猪、黄牛、水牛、马、山羊、绵羊、鹿、兔、猫、犬、鸡等 16 种动物，猪的感染率较高，但多数有一定耐受力，感染后在组织内形成包囊而成为无症状的带虫者，当机体免疫力降低时才引起大批发病。人群感染率极高，有报道世界 1/3 的人口感染有弓形虫或为弓形虫携带者。

猫是弓形虫的终末宿主，也是环境中弓形虫卵囊的排放者。感染的猫一天可排出 1 000 万个卵囊，排囊可持续约10～20天，其间排出卵囊的高峰时间为5～8天，是传播的重要阶段。卵囊可被某些食粪甲虫、蝇、蟑螂和蚯蚓机械性传播。带有速殖子和包囊的肉尸、内脏、血液以及各种带虫动物的分泌物或排泄物也是重要的传染源。散养鸡因能够在地面上自由移动和采食，是用来作为人居住环境中弓形虫分布和污染的指示器。因此，对散养鸡弓形虫感染的血清学调查是评价环境是否被弓形虫污染的一个重要指标。

经口感染是弓形虫病感染的主要方式。动物感染多与环境中弓形虫卵囊的分布有关，肉食动物一般是吃到肉中的速殖子或包囊而感染，草食兽一般是通过污染了卵囊的水草而感染。在自然界，猫科动物和鼠类之间的传播循环是主要的天然疫源。孕畜感染弓形虫后，可以经胎盘传给后代，使其后代发生先天性感染。速殖子可通过有损伤的皮肤、黏膜进入人、畜体内。

一般认为人感染弓形虫主要是通过食用生的或未经充分加工（高温）的肉制品、乳制品、蛋类或被污染的水而引起。三种途径已被证实：①食用生肉或煮得不够熟的肉类，特别是猪肉和羊肉，而食用生牛肉也被认为是城市居民感染弓形虫的最重要渠道。②运输或接触生肉或生的内脏后，没有清洁双手便放到嘴里。③接触猫粪便或接触猫粪便污染的物体。猫的身上和口腔内常常有弓形虫包囊和活体，直接接触猫易受感染。狗是弓形虫的中间宿主，可以传染弓形虫，但是它的粪便和排泄物却都没有传染性，所以单纯和狗接触不会感染弓形虫病。其他家畜、家禽，如：鸡、鸭、鹅、猪、牛、马、羊等动物体内有时带弓形虫包囊，所以食用肉、蛋、奶也可能感染。鱼肉体内有时也有弓形虫包囊，所以食用鱼肉同样可能感染。另外，某些吸血昆虫叮咬人时也可以感染。

人和人之间也可以互相传染。怀孕妇女可以把弓形虫通过胎盘传染给胎儿。所有胎儿80%为隐性的慢性弓形虫病患者，携带终生。还有一部分成为多病型体质。少部分成为死胎、畸形、弱智。在哺乳期，因婴儿成为“带病免疫”者，所以尽管母乳中带有弓形虫，婴儿并无大碍，每喂一次奶，便接种一次活疫苗。婴儿可以照常发育成长。患病妇女在月经期弓形虫活动最强烈，所排的经血里常含有大量包囊，故不应忽视。精液中也可带有包囊，人类通过性行为可以互相传染。急性发作的病人的喷嚏，可以成为飞沫传染源。

弓形虫感染人有什么表现?

弓形虫病分为先天性和获得性两类，均以隐性感染为多见。先天性弓形虫病常见于胎儿和婴儿，获得性弓形虫病以淋巴结受累最为常见，免疫功能低下者可出现严重扩散及多器官损害，临床表现复杂，缺乏特征性。

1. 先天性弓形虫病 常发生于怀孕妇女，受染胎儿或婴儿多数表现为隐性感染，有的出生数月甚至数年才出现症状。神经系统病变多见，婴儿可出现不同程度的智力发育障碍，甚至出现精神性躁动。有报道，先天性弓形虫病精神发育障碍在存活婴儿中占90%，约70%表现为惊厥、痉挛和瘫痪等，部分患儿有脑膜炎、脑炎或脑膜脑炎，常有嗜睡、兴奋、啼哭、抽搐及意识障碍等。有脑部表现的患者预后较差，即使存活也常留有后遗症，如惊厥、智力减退等。眼损害可表现为视力模糊、盲点、怕光、疼痛、中心性视力缺失等。怀孕期前3个月发生垂直感染，症状较严重，常表现为流产、早产、死胎及多种先天性畸形，如脑积水、无脑儿、小头畸形、小眼畸形、先天性心脏病等。患儿出生后可有发热、呼吸困难、皮疹、腹泻、呕吐、黄疸及肝、脾肿大等表现。妊娠后期感染，病变多数较轻。另外，青少年常表现为头痛、头晕，学习精力不集中，少数表现为抑郁，觉得累，缺乏上进心，精神痛苦，也有表现多动，烦躁易怒。老年人表现为老年病，冠心病，脑血管病，骨质病，肝肾病，脑萎缩等。

2. 获得性弓形虫病 最常见的表现为淋巴结炎，以头、颈部、腋窝部的淋巴结肿大多见。也可出现各种中枢神经系统异常表现，如头痛、偏瘫、癫痫发作、视力障碍、神志不清，甚至昏迷等。对眼的损害包括视网膜脉络膜炎，斜视，眼肌麻痹，白内障，视神经炎，视神经萎缩等。还可引起心肌炎、心包炎、心律失常，支气管炎，肺炎，肝、脾损害，消化道症状等。

人弓形虫病的检查方法多通过血清学检测。我国许多医院已对孕妇普遍进行弓形虫抗体检查。进行孕妇感染的筛检是个很严肃的公共卫生问题。一般认为须根据当地的流行病学研究而定。进行检查时必须有明确目的和处理原则，筛检方法一定要有很高的准确性，有系统的检查和处理程序，大众可以接受。抗弓形虫 IgM 抗体阳性提示近期感染。由于母体 IgM 类抗体不能通过胎盘，故在新生儿体内查到弓形虫特异 IgM 抗体则提示其有先天性感染。IgG 抗体阳性提示有弓形虫既往感染。

人弓形虫感染一般用螺旋霉素治疗。胎儿发生感染，孕妇则采用磺胺加乙胺嘧啶治疗。支持疗法包括加强免疫功能的措施，如给予重组 IFN－γ、IL－α 或 LAK 细胞等。

如何预防人的弓形虫感染?

1. 控制传染源　加强猫、犬、猪等动物的检疫和检测，对阳性动物进行严格管理，隔离进行治疗。对育龄妇女及孕妇进行血清学监测。流产的胎儿及其母畜排泄物，以及死于本病的可疑病尸应严格处理。

2. 切断传染途径　积极开展宣传教育，提高对该病危害性的认识，倡导健康的饮食习惯。不要给家中宠物喂食生肉或者未熟透的肉制品，避免与猫密切接触，尤其是孕妇或计划怀孕的妇女应避免与猫接触，应及时做好猫的粪便清洁工作。避免动物尤其是猫的粪便污染水源，蔬菜等。不生食动物性食物，包括肉、蛋、奶。厨房里要生、熟食品分离，生、熟食分别加工。饭前便后要养成洗手的习惯。

3. 保护易感人群　由于目前尚无有效的商品化疫苗可供使用。因此，针对易感人群应做好卫生防护工作。

深层次阅读

农业部行业标准.弓形虫病诊断技术（NY/T 573—2002）.

十四、旋毛虫病

旋毛虫病是一种由旋毛虫寄生于人和猪、犬等150多种哺乳动物引起的严重的人兽共患寄生虫病。由于本病病原传播的复杂性，近年来人们食用肉类的种类和方式又多种多样，使得旋毛虫病不仅没有得到有效控制，流行范围反而不断扩大，已经成为世界性分布的公共卫生问题，严重危害人类的身体健康，给畜牧业及肉品工业也带来重大经济损失。

旋毛虫的流行现状

我国是世界上旋毛虫病危害最为严重的少数几个国家之一。旋毛虫病在我国被列为三大人兽共患寄生虫病（旋毛虫病、囊虫病及棘球蚴病）之首，而且也是肉类进出口、屠宰动物以及我国政府提出让人民吃上“放心肉”首检和必检的人兽共患病。1964—2005年我国已暴发流行旋毛虫病700余起，报道的病例达26 000余人，死亡253人，其中95%的病例是由猪肉引发。2001—2005“第二次全国人体重要寄生虫病现状调查”结果显示，旋毛虫病血清阳性率平均高达 3.38%，据此推测我国至少有 4 000 万人感染本病。在一些高发省份和地区猪的感染率为 10%～30%，犬的感染率高达 30%～50%。由于检测技术的欠缺，我国每年均有大量出口猪肉由于旋毛虫的漏检而被退回，不但造成了严重的经济损失，而且对我国肉产品安全性的国际形象也造成了极为不利的影响，旋毛虫病的漏检肉类已成为我国食品安全的一个巨大隐患。近年来，在东北及中原地区又相继出现了大量的由于食用犬肉、羊肉和马肉而暴发的旋毛虫病。随着饲养动物及居民肉类消费量的增加以及感染动物种类的增加，人旋毛虫病的发病率也呈上升和扩散趋势。

鉴于旋毛虫病的危害，目前世界各国均把屠宰动物的旋毛虫病检验作为首检和强制性必检项目，以此来切断其由动物向人的传播。由于大量人力、物力及财力的耗费，致使旋毛虫病成为目前世界范

小知识

旋毛虫的发现史：1828 年，伦敦 Peacock 医生在尸检时观察到肌肉中钙化的小白点，制备了干燥标本并保存于医院博物馆，后来研究者证实该白点为旋毛虫包囊，这是最早发现人体肌肉内旋毛虫包囊的时间。1859 年，Zenker 发现首例因旋毛虫病致死的患者。我国于 1881 年、1934 年分别在猪、犬体内检出旋毛虫，而首例人感染患者于 1964 年发现于云南。

围内投入控制费用最高的食源性人兽共患寄生虫病。仅以 2004 年生猪屠宰的旋毛虫病检验费用为例，欧盟约 5.7 亿欧元，美国约 10 亿美元。我国自 1956 年起即将旋毛虫病的检验列为生猪屠宰的强制性必检项目，目前每年仅用于猪的旋毛虫病检验费用高达 18 亿元。

旋毛虫及其生活史

旋毛虫成虫细小，呈线形，类毛发状，肉眼几乎难以辨认，虫体前部较细、后部较粗。新生幼虫为圆柱状或棒状，两端钝圆。新生幼虫随血液循环至横纹肌中形成包囊，包囊初期很小，最后可长达 0.25～0.5 毫米，呈梭形，其中一般含一条幼虫，但有的可达 6～7 条。感染后第 17～20 天幼虫开始卷曲盘旋，充分发育了的幼虫通常有 2.5 个盘转，呈淡橙红色，大量幼虫集中时该特征更为明显。

以与人关系最密切的猪为例简单介绍旋毛虫的生活史：猪食用含有旋毛虫幼虫包囊的食物而受感染，包囊在猪小肠内释放出幼虫，在肠腔内发育成为性成熟旋毛虫成虫，雌雄虫即交配，交配后不久，雄虫死亡，雌虫钻入肠腺中发育，于感染后 7～10 天开始产幼虫，新生幼虫随血液循环被带至全身各处，但只有进入横纹肌内才能继续发育为包囊，人因食用含有活的旋毛虫幼虫包囊的猪肉而感染。

旋毛虫病的流行特点

猪为本病传播的主要传染源，其他肉食动物如鼠、猫、犬、羊以及多种野生动物如野猪、熊、狼、狐、貂等哺乳动物也可成为传染源，其中以猪、犬、鼠最为重要。猪和犬主要是通过摄入污染的洗肉水、废肉渣及副产品，或感染的鼠类等感染本病。猪旋毛虫病的流行与饲养方式、饲料种类、屠宰肉尸处理和环境污染等有关。有调查发现，在同一地区，由于平原区养猪不上圈，猪自由采食，吃到各种尸体、肉类的机会就多，感染率较高。而山区养猪均圈养，限制了猪的乱跑乱食，因此感染率非常低。

人群普遍易感，主要通过食入生的或不熟的猪肉、犬肉，或者腌制与烧烤不当的污染肉制品而感染。此外，人和动物间也可能通过粪便进行传播。也有临床病例显示此病可从母体感染胎儿。人被感染后即可产生免疫，对再感染具一定免疫力。

旋毛虫病散在分布于全球，以欧美的发病率为高。国内主要流行于云南、西藏、河南、湖北、东北、四川等地，福建、广东、广西等地亦有本病发生。

旋毛虫病对人和动物的危害有哪些?

猪和犬对旋毛虫有较强的耐受力，临床上多数无症状，严重时可表现为食欲减退、呕吐和腹泻，幼虫移行时可能出现肌肉疼痛或麻痹、运动障碍、声带嘶哑、发热等症状。旋毛虫病是生猪屠宰检疫的必检项目，主要采用压片镜检法。采样部位是横膈膜肌脚（旋毛虫幼虫寄生最多的地方）。一般先用肉眼观察，当发现在膈肌纤维间有细小的白点时，再取样做压片镜检，低倍镜下检查肌纤维间有无旋毛虫幼虫的包囊。个别地区也采用集样消化法、酶联免疫吸附试验等。

人旋毛虫病潜伏期 2～45 天，多为 10～15 天，潜伏期越长病情越轻微，潜伏期越短病情越严重。临床症状轻重则与感染虫量有关，感染虫量越多，临床症状越严重。成虫寄生于小肠，可引起恶心、呕吐、腹痛、腹泻等胃肠炎症状，通常轻而时间短，持续 3～5 天常可自行缓解。当幼虫移行到全身各处可引起急性发病，主要表现有持续性发热、水肿、皮疹、肌痛等。发热多伴畏寒，多为 38～40℃，持续 2 周，最长可达 8 周。约 80％病人出现水肿，主要发生在眼睑、颜面、眼结膜，重者可有下肢或全身水肿，多持续 1 周左右。皮疹多发生于背、胸、四肢等部位，疹形可为斑丘疹、猩红热样疹或出血疹等。全身肌肉疼痛，以腓肠肌为甚。皮肤呈肿胀硬结感。重症患者常常在咀嚼、吞咽、呼吸、眼球活动时疼痛，导致吞咽、发声、视力等发生障碍。侵及心肌可出现心音低钝、心律失常和心功能不全等；侵及中枢神经系统常表现为头痛、脑膜刺激征，甚而抽搐、昏迷、瘫痪等。后期急性期症状渐退，长期表现为四肢乏力、肌肉疼痛等症状。

人旋毛虫病患者治疗常用苯咪唑类药物，首选阿苯达唑，也可选用噻苯咪唑、甲苯咪唑等。一般措施包括卧床休息，给予充分营养和水分，然后给予对症治疗，如肌痛显著可予镇痛剂，有显著异性蛋白反应或心肌、中枢神经系统受累的严重患者，可给予肾上腺皮质激素（强的松、氢化可的松）等。

如何预防旋毛虫病？

1. 加强卫生宣传，使人民充分认识到旋毛虫病的危害。在生活中养成良好的饮食习惯，不吃生的或未煮熟的猪肉及狗肉，避免腌制与烧烤不当的肉制品，注意避免生熟食品的交叉污染。

2. 提倡生猪圈养，饲料最好经加热处理，实行厩外积肥，不用生的废肉屑喂猪，以杜绝感染来源。

3. 改善环境卫生，消灭鼠类，将尸体烧毁或深理。禁止随意抛弃动物尸体和内脏。对检出旋毛虫的尸体，应按规定处理。

4. 加强肉品卫生检验工作，未经检验不准出售，检验中如在肌肉中发现旋毛虫包囊或钙化的包囊，猪肉和内脏必须化制处理，严禁销售。

深层次阅读

中华人民共和国国家标准.猪旋毛虫病诊断技术（GB/T 18642—2002）.

十五、囊尾蚴病和米猪肉

猪囊尾蚴病，又名猪囊虫病，病猪肉俗称“米猪肉”、“豆猪肉”，是猪带绦虫的幼虫猪囊尾蚴寄生于猪的肌肉和其他组织器官的一种寄生虫病。幼虫也可寄生于人的骨骼肌、脑、心肌及其他器官，犬、猫、牛、羊、马等多种动物也可感染。人是猪囊尾蚴的唯一终末宿主，猪囊尾蚴在人体的小肠内发育为成虫，称为猪带绦虫。猪带绦虫的存在是囊尾蚴病存在的前提。因此，幼虫和成虫均为囊尾蚴病的病原体。人不但是猪带绦虫的终末宿主，还可以作为猪带绦虫的中间宿主，所以猪带绦虫及其幼虫对人的危害很大。本病不仅严重影响养猪事业的发展，使畜牧业生产造成重大经济损失，而且给人民身体健康和生命带来严重威胁。

猪囊尾蚴病的分布情况

猪带绦虫呈全球性分布，多见于温带与热带的一些国家。我国呈地方性流行的特点，感染率在云南、东北、华北、华东为 1%～15.2%。含囊尾蚴的肉制品流入非流行区时可导致居民感染带绦虫病、继而发生家畜囊尾蚴病，形成新的流行区。卫生部于2001年6月至2004年底进行的全国人体重要寄生虫病现状调查结果显示，血清学检查阳性率为0.58%，病原学检查感染率为0.28%，较1990年完成的全国人体寄生虫分布调查发现的0.18%上升了52.47%，其中西藏、四川的带绦虫感染率分别上升了97%和98%。我国依然是囊尾蚴病流行最为严重的国家之一。该病的流行主要与公共卫生条件差有关。随着我国农村经济和卫生条件及动物饲养条件的改善，该病的流行处于下降趋势。

认识囊尾蚴和猪带绦虫

猪囊尾蚴俗称猪囊虫，属于猪带绦虫的幼虫。多寄生在猪的肌肉中，脑、眼和其他脏器也常有寄生。成熟的猪囊尾蚴，外形椭圆，约黄豆大，为半透明包囊，囊内充满着液体，囊壁是一层薄膜，壁上有一个圆形粟粒大的乳白色小结，其内有一个内陷的头节，整个外形像石榴子。在显微镜下可以看到头节上有四个圆形的吸盘，最前端的顶突上带有许多角质小钩，分为两圈排列。

猪囊尾蚴的成虫称为猪带绦虫，乳白色扁平带状，寄生于人体小肠里，因其头节的顶突上有小钩，又名“有钩绦虫”。虫体长 2～5 米，也可长至 8 米。整个虫体约有 700～1 000 个节片。分为头节、颈节和成节。头节圆球形，颈节细小，成节呈方形，长度与宽度几乎相等。发育到后期子宫中充满虫卵，长度约为宽度的 2 倍，称为孕节，随宿主粪便排出体外，具有感染性。

成虫只能寄生在人的小肠前半段，以其头节深埋在黏膜内。虫卵或孕节随粪便排出后污染地面或食物。猪吞食了虫卵或孕节后，在胃肠内发育产生六钩蚴，钻入肠壁，进入淋巴管及血管内，随血流带到猪体的各部组织中，在肌肉组织进行发育。首先是体积增大，然后逐步形成一个充满液体的囊包体；20 天后囊上出现凹陷，2 个月后在该处形成的头节上已经长成明显的吸盘与有钩的顶突，这时囊尾蚴已经成熟，对人具有感染力。猪囊尾蚴多寄生在肌肉内，以咬肌、舌肌、膈肌、肋间肌以及颈、肩、腹部等处的肌肉中最常见。内脏以心脏肌较多见，感染严重时各处都存在，脂肪中也有。猪囊尾蚴在猪体内可存活数年，年久后即钙化死亡。人误食了未熟的或生的含有囊尾蚴的猪肉后，猪囊尾蚴在人体的胃肠消化液的作用下，囊壁被消化，头节进入小肠进行发育，20 天左右成熟，2 月左右就有成熟卵或孕节随粪便排出。开始排出的节片多，然后逐渐减少，每月可脱落 200 多节片。在人体内通常只寄生一条，偶有寄生 2～4 条者，成虫在人体内可活 25 年之久。

猪囊尾蚴病对猪有哪些危害?

猪感染囊虫病必须是吃了猪带绦虫的孕节或虫卵，也就是吃了患猪带绦虫病人排出粪便污染过的饲料、牧草或饮水。新中国成立初期我国北方以及云南、贵州、广西等省（自治区、直辖市）区有的地方，人无厕所，随地大便；猪无猪圈，放跑猪；还有的采用连茅圈；有的楼上住人，楼下养牲畜，可在楼上便溺，所以这些地方猪患囊虫病是很普遍的。

成年猪感染猪囊虫病，如感染的虫量较少，常不表现出明显症状。感染严重病程较长可有临床症状，呈现营养不良，生长发育受阻，被毛粗乱，没有光泽，眼睛发红等慢性消耗性疾病的一般症状。囊虫寄生数量多的病猪，肩胛部明显增宽、增厚，而后躯相应较狭窄，呈现雄狮状；肩胛部和臀部、咬肌等部位肌肉隆起、突出。虫体寄生部位不同，可出现不同症状。如寄生在脑部则表现癫痫、痉挛，或因急性脑炎而死亡；寄生于喉头肌肉则叫声变哑；寄生于舌肌或咬肌常引起舌麻痹或咀嚼困难。

小知识

屠宰检疫是防止猪囊尾蚴感染人的一个重要途径，目前猪囊尾蚴的检验是国家规定的生猪屠宰检疫的必检项目。方法是：生猪屠宰后，选择其咬肌、深腰肌和膈肌、心肌、肩胛外侧肌和股内侧肌等，用检疫刀顺肌纤维方向切开肌肉，肉眼仔细检查是否存在圆形或椭圆形、豆粒大小的半透明囊泡，将外壁割破后取出水囊泡，用两个玻璃片压紧，用普通放大镜观察头节顶部，可见到四个吸盘和由许多角质钩组成的里外双排齿冠，即可确定为囊尾蚴。

读者提问

为什么囊尾蚴的病猪肉称为“米猪肉”？

回答：囊尾蚴在肌肉组织中寄生时，可刺激周围结缔组织增生，从而形成与周围肌肉组织界限清楚的白色包囊，该包囊易于从肌肉组织中剥离，类似米粒状，故名“米猪肉”。

猪囊尾蚴病对人有哪些危害?

当人误食生的或未经无害化处理的含活囊尾蚴的病肉后造成感染。囊尾蚴在人肠道发育为成虫，人就成为猪带绦虫的终末宿主，从粪便排出的虫卵、含有大量虫卵的节片或从肛门逸出的节片污染环境，虫卵被猪、牛等家畜、野生动物吞食导致囊尾蚴病。猪带绦虫病患者还可使他人或自身感染而患猪囊尾蚴病。猪带绦虫病人、患囊尾蚴病的家畜与动物及其生活的环境构成本病传播的循环链。

由于居民的卫生与饮食习惯、家畜饲养方式以及环境卫生状况的影响，本病具有分布广泛并呈地方性流行的特点。人感染猪带绦虫病必须吃进活的猪囊尾蚴才有可能，我国少部分地区有吃生肉的习惯，感染的机会较多；而大部分地区感染机会相对较少。但如果生熟不分，切完生的带有囊虫的猪肉后又切凉拌菜，可能使黏附在菜刀或砧板上的囊尾蚴混于凉菜中。此外，烹调时间过短也可能杀不死囊尾蚴。如果人卫生习惯不好，如饭前便后不洗手，会误食虫卵或孕节，卵在人体内可发育成为囊尾蚴。

成虫感染患者可有腹痛、腹泻、食欲异常、消化不良、乏力、头晕、体重减轻等症状，但多数患者常可见从肛门排出节片。并发症有肠穿孔及继发性腹膜炎、阑尾炎、肠梗阻等。幼虫感染因囊尾蚴寄生部位、数量以及机体反应的不同，临床表现及程度各异。最常见为脑囊尾蚴病、眼囊尾蚴病和皮下囊尾蚴病。其中60%～90%为脑囊尾蚴病，通常有癫痫、头痛、记忆力减退、失语、偏瘫、精神症状，严重时有颅内压增高所致呕吐、视力模糊、视神经乳头水肿、昏迷甚至于猝死，后果十分严重。眼囊尾蚴病可引起视网膜剥离、视力减退，死亡虫体强刺激可导致色素膜炎、视网膜炎、脉络膜炎、化脓性眼球炎、玻璃体浑浊，并发白内障、青光眼、眼球萎缩乃至失明。皮下组织和肌肉囊尾蚴病轻者可在四肢、颈部和背部皮下等部位出现囊尾蚴结节，重者表现为肌肉疼痛、疲乏无力、痉挛，甚至死亡。

本病诊断比较困难，易与其他疾病混淆，容易被误诊，在囊尾蚴流行地区的医务工作者应该提高警觉。临床辅助检查方法包括血液及脑脊液检查、皮内试验、补体结合试验、粪便检查、脑部 CT 和核磁共振等。还需要结合流行病学和临床症状进行综合诊断。

囊尾蚴病患者常用吡喹酮、阿苯达唑、丙硫咪唑、甲苯咪唑等药物进行病原治疗。还应酌情并用类固醇激素等。如发生严重颅内增高，除及时停用抗囊虫药物及脱水、抗过敏处理外，还可应用颞肌下减压术，以防止颅内压增高危象。确诊为脑室型者应手术治疗，对于颅内压持续增高、神经体征及 CT 证实病灶甚局限的患者亦可考虑手术治疗。确诊为眼玻璃体囊虫病者早期手术摘除囊尾蚴。对肠道仍有绦虫寄生者，为防止自身再次感染，应采用灭绦灵（氯硝柳胺）等药物进行驱绦虫治疗。

如何预防囊尾蚴病？

卫生部 2006—2015 年全国重点寄生虫病防治规

划要求采取综合措施防治猪带绦虫病和囊虫病。

1. 加大宣传力度 有关部门，尤其是流行地区的有关部门应利用网络、广播、电视、报刊、发放资料等各种形式，大力开展宣传活动。宣传猪囊尾蚴病的危害和有关法律法规，力争做到家喻户晓、人人皆知，提高消费者、养殖场（户）和肉品经营加工者履行猪囊尾蚴病防治的自觉性，使广大人民群众防治该病的知识水平和法律意识上升到一个更高的层次，在全社会营造防治该病的良好舆论氛围。

2. 养成良好卫生习惯，管理好环境卫生 以提倡“不生食、半生食肉类食品和不食病猪肉”为重点，教育群众养成良好的饮食习惯。教育群众不买或不食用未经检疫及未经熟制的肉品。自觉讲究饮食卫生，防止有钩绦虫卵随饮食进入体内；对用作肥料的人畜粪便严格实行无害化处理，禁止农业生产直接使用未经处理的人畜粪便。

3. 改变落后的饲养方式，实行科学饲养管理 一是要彻底改变原始散养和自由采食的饲养方法，有条件的地方应提倡和引导群众实行规模化圈养；在实行圈养的农村，推广农村卫生改厕，使猪舍与厕所严格分离。二是淘汰土种猪，推广优良品种猪，并使用全价配合饲料和颗粒料，缩短饲养周期。

4. 加强管理，切断传播途径 由于猪感染囊虫病是因食入有钩绦虫病人排出的粪便及被粪便污染的饲料、饲草、饮水等引起，因此，要彻底控制和净化猪囊虫病，必须抓好饲养管理和环境卫生这一基础环节。加强肉品检疫，对病猪胴体和内脏严格进行销毁，杜绝病畜肉上市，严禁销售含囊尾蚴的肉。对有生食、半生食肉类食品习惯的重点人群进行选择性驱绦虫治疗，及时查治囊虫病人，对从事食品或餐饮加工业的人员定期进行健康体检，严格执行持证上岗制度。

深层次阅读

卫生部. 2006—2015 年全国重点寄生虫病防治规划.

十六、肠出血性大肠杆菌 O157：H7

——一种新的食源性感染病原

肠出血性大肠杆菌（EHEC）O157：H7 感染是近年来新发现的危害严重的肠道传染病。该病可引起腹泻、出血性肠炎，继发溶血性尿毒综合征（HUS）、血栓性血小板减少性紫癜（TTP）等。HUS 和 TTP 的病情凶险，病死率高。自 1982 年美国首次发现该病以来，世界上许多国家相继发生了暴发和流行，尤其 1996 年 5～8 月间日本发生肠出血性大肠杆菌 O157：H7 引起的人类历史上规模最大的一次暴发流行，累积患者近万人，并有数人死亡，引起了世界的普遍关注，其流行已成为全球性的公共卫生问题之一。

肠出血性大肠杆菌 O157：H7 感染的国内外流行状况

肠出血性大肠杆菌 O157：H7 在世界上许多国家有过暴发流行，已经引起世界各国卫生部门的重视，许多国家把它列为法定报告传染病。其中受害最严重的是美国、加拿大和日本。美国自1982年首次报道由被该菌污染的汉堡包引起出血性肠炎暴发以来，共有40个州发生100多起肠出血性大肠杆菌O157：H7暴发，仅1994年就发生30起。1992年11月至1993年2月期间的一起暴发规模较大，波及4个州，700余人感染，51人并发HUS，4人死亡。最新的一起严重暴发发生在1999年9月初，共报告921个腹泻病例，11名儿童患者并发HUS，1名3岁女童因HUS和1名79岁老人因HUS/TTP死亡。美国食品与药品监督管理局疾病控制与预防中心估计，美国每年该菌的感染人数近75 000人，死亡病例约600人。

肠出血性大肠杆菌O157：H7感染在加拿大是一个重大的公共卫生问题。1982年底，渥太华发生了由肠出血性大肠杆菌O157：H7引起的出血性肠炎暴发，31人发病。1982—1989年肠出血性大肠杆菌O157：H7引起的病例几乎每年都成倍增加，食物型暴发就发生了15起，感染人数242人，并发HUS 24人，死亡21人。1990—1997年报告的该菌感染发病人数为1 183～1 672例。2000年5月，加拿大发生其历史上最严重的肠出血性大肠杆菌O157：H7感染暴发，安大略省南部的沃尔克顿镇，因山洪暴发造成饮用水系统污染，五千多居民中病例达1 460人，198例确诊，26例并发HUS，7人死亡。

日本是世界上肠出血性大肠杆菌 O157：H7 感染发病较多的国家，1990 年日本浦和市一幼儿园的一起肠出血性大肠杆菌 O157：H7 引起食物型暴发，发病 319 人，入院 31 人，其中 2 人因并发 HUS 而死亡。1991—1993 年日本又发生了 19 起。1996 年日本共报告肠出血性大肠杆菌 O157：H7 感染 9 451 例，其中 1 808 例住院，12 例死亡。

我国 1986 年首次在江苏徐州发现了肠出血性大肠杆菌 O157：H7 感染者以后，已在北京、江苏、山东、天津、新疆、陕西、云南等地的腹泻患者中分离到该菌。1996 年在全国十几个省（自治区、直辖市）建立了肠出血性大肠杆菌 O157：H7 监测系统，先后从腹泻病人、家禽和家畜粪便、肉类及奶类食品中检出肠出血性大肠杆菌 O157：H7。1999 年春季在我国部分地区出现了以少尿和无尿等急性肾功能衰竭为主要表现，后发生多器官受损而死亡的较大规模的肠出血性大肠杆菌 O157：H7 疫情，历时 7 个月，患者超过 2 万例，死亡 177 例，可能是迄今为止世界上流行规模最大的一次。病例主要发生在农村地区，50 岁以上患者占发病总数的 85.6%，疫区家禽家畜携带病菌非常普遍，牛、羊、鸡、猪的病原携带率分别为 16.93%、15.42%、8.6%和 8.26%，苍蝇为 9.30%，食品标本检出率为3.71%。2000年春夏上述地区又发生疫情，并且范围扩大到西部的中原地区，甚至在东北、华北及华东少数地区，提示肠出血性大肠杆菌O157：H7污染的问题已逐渐成为威胁人群健康的重要公共卫生问题，必须引起高度重视。

最新提示

据德国卫生部门发布的消息，2011年4月以来，德国暴发肠出血性大肠杆菌感染疫情。截至5月26日，德国已报告276例与此次暴发相关的溶血性尿毒综合征病例，其中2例死亡。瑞典、丹麦、荷兰和英国也有上述病例报告，这些病例均有近期赴德国的旅行史。起初怀疑是肠出血性大肠杆菌O157：H7感染所致，后来经德国卫生部门初步调查，发现此次疫情是由于食用被O104：H4血清型的肠出血性大肠杆菌污染的黄瓜等食物所致。该病菌主要通过被污染的食物传播，一般不发生人与人之间直接接触传播。为避免我国发生该疫情，我国卫生部于2011年5月颁布了《肠出血性大肠杆菌O104：H4感染防控方案(试行)》。

肠出血性大肠杆菌O157：H7对人的危害

该病可通过饮用受污染的水或进食未煮熟透的食物（特别是牛肉、汉堡包及烤牛肉）而感染。饮用或进食未经消毒的奶类、蔬菜、果汁及乳酪而染病的个案也有发现。此外，若个人卫生欠佳，也可能会通过人传人的途径，或经进食受粪便污染的食物而感染这种病菌。国内暴发地区调查中，检出肠出血性大肠杆菌 O157：H7 的食品有生羊肉、生猪肉、熟羊肚、熟羊肝、猪头肉和咸菜等。

该菌主要引起出血性肠炎、溶血性尿毒综合征和血栓性血小板减少性紫癜。潜伏期 1～9 天。出血性肠炎的典型临床表现为：鲜血样便、腹部痉挛性疼痛、低烧或不发烧。患者可表现为先水样腹泻，约数小时至 1 天后转为血性腹泻，部分病例可发展为 HUS 和 TTP，若抢救不及时，危及生命。HUS 主要发生在儿童和老人，常出现在腹泻后数天或 1～2 周，患者主要表现为血小板减少、溶血性贫血和急性肾功能衰竭。病死率一般为 10%，个别可高达 50%，约 30%幸存者可表现出慢性肾衰、高血压和神经系统损害等后遗症。TTP 主要发生在成年人，尤其是老年人。患者主要表现为发热、血小板减少、微血管异常、溶血性贫血、肾功能异常（包括血尿、尿蛋白或肌酐升高）和神经系统损害（如头痛、轻度瘫痪、昏迷、间歇性谵妄），病情发展迅速，病死率高，90 天内可有 70%的病人死亡。

根据卫生部颁布的《全国肠出血性大肠杆菌 O157：H7 感染性腹泻应急处理预案（试行）》规定，对于有鲜血便、低烧或不发热、痉挛性腹痛的腹泻病例，腹泻若干天后继发少尿或无尿等表现的急性肾功能衰竭病例，腹泻病人粪便标准 O157 抗原免疫胶体金方法检测阳性者，均应判为疑似病例。如果从粪便中检出病原即可确诊。

如何防治人类肠出血性大肠杆菌 O157：H7 感染？

1. 开展健康教育，提高群众的防病意识　要利用多种宣传形式，使群众了解肠出血性大肠杆菌 O157：H7 的危害，教育群众加强个人卫生和环境卫生，养成良好的卫生习惯，把住病从口入关。应从可靠的地方购买新鲜食物。生的食物及熟食，尤其是牛肉及牛的内脏，应分开处理和存放，避免交叉污染。要让群众知道食品加热烧熟的重要性，避免进食高危食物，例如未经消毒处理的牛奶，以及未熟透的肉类制品，不食生冷变质食品，不喝生水。食物煮熟后应尽快食用。剩饭菜要充分加热，不吃腐败变质的食物。

2. 加强重点地区的疫情监测　按照卫生部颁布的《全国肠出血性大肠杆菌 O157：H7 感染性腹泻监测方案（试行）》实施全国疫情的监测，重点监测腹泻病人感染情况、动物和媒介昆虫带菌情况、食品污染情况等。根据疫情发生特点，对疫情发生情况进行深入的调查分析，阐明流行因素，提出针对性的预防控制措施，为疫情的控制提供科学依据。

3. 加强疫情处理　发生疫情时，应及时逐级上报。要及时安排疫情处理所必需的防治经费和物资，确保各项预防与控制措施落到实处。对肠出血性大肠杆菌 O157：H7 病人和疑似病人进行隔离治疗，治疗措施以对症支持疗法为主，可以使用微生态制剂，原则上不用止泻药和抑制肠蠕动的药物。禁止使用抗生素，疫区内的其他一般腹泻病人应慎用抗生素，因为有研究表明抗生素可促使肠出血性大肠杆菌 O157：H7 释放致死性志贺毒素，从而使患者并发 HUS 的危险性增加。对密切接触者可进行预防性服药，首选微生态制剂。隔离治疗期间，要注意对病人的排泄物随时进行严格消毒和处理。对受污染的用具、物品和场所等要分别予以消毒处理。

4. 开展“三管一灭”（管水、管粪、管饮食，消灭苍蝇），**切断传播途径**　加强食品卫生监督监测，取缔无营业执照的食品生产、经营单位，对不符合卫生要求的食品生产、经营单位要停业整顿，对可疑食品可暂时封存，必要时销毁处理。对与疫情发生有关的食品从业人员进行病原菌检查，发现腹泻病人和健康带菌者应立即进行隔离治疗。疫情流行期间，在疫点、疫区内不得举办聚餐、宴请活动。加强对水源的管理，加强对疫区周围及直接关联水源的检测和消毒工作。清理粪便、垃圾、污水，改善环境卫生状况，消灭苍蝇滋生地。疫区的家禽、家畜要严格管理，实行圈养，避免人畜混居，畜禽粪便要集中堆放，并进行无害化处理。

深层次阅读

卫生部.肠出血性大肠杆菌 O157：H7 感染性腹泻应急处理预案（试行）（2002）.

卫生部.全国肠出血性大肠杆菌 O157：H7 感染性腹泻监测方案（试行）（2000）.

卫生部.肠出血性大肠杆菌 O104：H4 感染防控方案（试行）（2011）.

十七、神秘的 SARS

SARS，是严重急性呼吸综合征（Severe Acute Respiratory Syndromes）的英文简称，又称“非典型肺炎”（非典），是一种 SARS 冠状病毒感染而导致的以发热、干咳、胸闷为主要症状的疾病，严重者出现快速进展的呼吸系统衰竭，传染性极强、病情进展快速。该病主要通过近距离空气飞沫和密切接触传播，是一种新的呼吸道急性传染病。

SARS 流行回顾

SARS 于 2002 年 11 月 16 日在广东顺德首发，并扩散至东南亚乃至全球。国内根据它的主要症状始称为“非典型肺炎”，简称“非典”。直到 2003 年 3 月在各国专家通力合作下，美国疾病控制与预防中心的专家利用“非典”患者的组织样本分离病毒，借助电子显微镜判断“非典”病原可能是新型冠状病毒。与此同时，中国内地及香港、新加坡、加拿大和德国等实验室也都确认了该新型冠状病毒的存在。据 WHO 统计，截至 2003 年 7 月 17 日，

SARS在全球32个国家、地区暴发，共报告发病8 360例，死亡764例；其中中国内地报告发病5 328例，死亡332例。通过对加拿大，中国内地和香港，新加坡和越南等地区SARS病例统计估算，24岁以下病死率小于1%，25～44岁病死率6%，45～64岁病死率15%，65岁以上病死率大于50%。这种曾一度引起全世界恐慌的传染性疾病，2003年底才彻底在人群中消灭，给人民的生命财产造成巨大的损失。

小知识

2002年12月底，广东民间出现了关于一种怪病的谣传，甚至说出在一些医院有病人因此而大批死亡。民间流传醋和板蓝根可以预防该病，因此出现了抢购米醋和板蓝根的风潮。由于货品脱销，不少人甚至委托在香港的亲友帮助购买，从而使该病情得已为外界所知。

SARS是如何传播的?

SARS病毒是一种新型的冠状病毒（SARS－CoV），以往未曾在人体发现，所以不同年龄、性别人群均易感染。发病概率的大小取决于接触病毒或暴露的机会多少。高危人群是接触病人的医护人员、病人的家属和到过疫区的人。研究显示非典型肺炎患者、隐性感染者是明确的传染源。传染性可能在发热出现后较强，潜伏期以及恢复期是否有传染性还未见准确结论。SARS 主要通过接触传播，如与感染者体液或其他飞沫直接接触，或经口、经粪便传染。此外，还有一种可能性是通过空气或目前不知道的其他方式被更广泛地传播。

临床上如何诊断 SARS？

一般患者在感染后 2～7 天内开始发热，部分患者伴有头痛、关节酸痛、全身酸痛、乏力、胸痛、腹泻；甚至咳嗽、少痰，痰中带有血丝；病情严重的患者表现为呼吸加速，气促，发展为急性呼吸窘迫综合征；X 光检查显示肺炎症状，并伴随肺部一侧或双侧病变加重迅速，在第 10 天至第 13 天时病情急速发展。部分年老体弱或非常敏感的病例开始出现意识间断丧失、大小便失禁、烦躁等精神反应。本病特点为发病急、传播快，由于开始没有引起人们对该病的足够重视，造成该病的迅速蔓延，传播从家庭成员到整个家庭，从病人到医生，并随人口流动传播。实验室检查时，病程早期淋巴细胞数目通常会下降，白细胞数目一般正常或下降。在呼吸道疾患最严重时，一半以上的病人会有白细胞减少及血小板减少，或正常但稍偏低的血小板计数（5

万～10 万/微升）。

如何预防和治疗 SARS？

自然通风是预防 SARS 的重要手段。尽可能打开门窗通风换气，保证供风安全及充足的新风输入。所有排风要直接排到室外。定期消毒是预防 SARS 的必要方法。对经常使用或触摸的物品应定期消毒。对人体接触较多的柜台、桌椅、门把手、水龙头等也要进行喷洒或擦拭消毒。餐具可用流通蒸汽消毒或煮沸消毒。发现疑似 SARS 病例时的终末消毒措施更为严格。做好个人卫生，增强机体抵抗力是预防 SARS 的必要条件。对于 SARS，目前为止尚未发现最有效的治疗方法。主要采用抗生素避免继发感染，并结合使用一些抗病毒药物等。

读者提问

SARS 冠状病毒与动物的关系是怎样的？

回答：SRAS 冠状病毒是以前从未见过的一种变种病毒，它的来源一直是困惑医学工作者的难题。该病毒只能生活在动物体内，在植物以及非生命系统内存活时间较短且几乎不能繁殖。美国及 WHO 的专家研究证实该冠状病毒在目前已知的家畜和家禽范围内，包括猪、羊、牛、狗、猫以及鸡鸭鹅等动物，生长及繁殖均受到抑制，始终不能达到传染级别的浓度，但是在非驯化领域的动物体内生长和繁殖却相对旺盛，也包括老鼠等啮齿类动物，还包括华南地区的蛇类等变温动物，SARS 冠状病毒不管是在哺乳动物体内还是在变温动物体内都有可以达到传染级别的繁殖强度。更为重要的是，已经证实 SARS 在天鹅、中华梅花鹿、西藏野生羚羊等野生动物物种体内可以得到相当好的繁殖环境，但是在家鹅以及家养绵羊体内却繁殖不利，这个有趣现象已经引起科学界的广泛关注，目前唯一的解释是家畜在驯养过程中因为基因变异以及与人类接触过多等原因，其体内的环境不利于这种新型的野生病毒的生成，但这一说法还有待进一步证实。人工感染试验证实了 SARS-CoV 可以感染雪貂、家猫等动物，并且可以在种群内传播。溯源研究也发现果子狸、浣熊、鼬獾也能感染 SARS-CoV 样病毒，因此认为，动物是 SARS 病毒的自然贮主。

读者提问

动物身上的冠状病毒会传染给人类吗?

回答：猪、牛、鸡、狗、猫、兔、鼠等很多动物都含有冠状病毒，其中一些冠状病毒会引起动物的急性呼吸道传染病，类似于人的 SARS 病，如猫传染性腹膜炎病毒和在家禽中传播的禽类传染性支气管炎病毒等，但是人类感染的 SARS 病毒与家养动物身上以前发现的冠状病毒并不完全一样。并不是所有动物身上的冠状病毒都会传染给人类。野生动物身上的冠状病毒与家禽、家畜身上的冠状病毒有着极大的差异，一旦感染则会对人类的生存造成极大的威胁。

主要参考文献

第二届全国人畜共患病学术研讨会论文集．2008.

国务院令第463号．2006. 血吸虫病防治条例．

北京农业大学．1993. 家畜寄生虫学．北京：中国农业出版社．

毕丁仁，钱爱东．2009. 动物防疫与检疫．北京：中国农业出版社．

杭州市卫生局．2008. 杭州市化共卫生管理员联络员工作手册．杭州：杭州出版社．

刘维全．2006. 公共卫生安全呼唤“两医”联手．中国畜牧兽医报，12-10.

柳增善．2010. 兽医公共卫生学．北京：中国轻工业出版社．

谢元林，常伟宏，喻友军．2006. 实用人畜共患传染病学．北京：科学技术文献出版社．

张彦明．2003. 兽医公共卫生学．北京：中国农业出版社．

郑寿贵，徐卫民．2010. 布鲁氏菌病．北京：人民卫生出版社．

乔军．2010. 宠物重要人兽共患病毒病．中国比较医学杂志. 20（11，12）：53-58.

闫若潜，李桂喜，孙清莲．2009. 动物疫病防控工作指南．北京市：中国农业出版社．

尚德秋，秦进才．2005. 布鲁氏菌病：钩端螺旋体病．陕西：陕西科学技术出版社．

孙锡斌．2006. 动物性食品卫生学．北京：高等教育出版社．

唐家琪．2005. 自然疫源性疾病．北京：科学出版社．

唐耀平．2006. 重大动物疫病防治理论与实务．北京市：中国农业出版社.
农业部. 布鲁氏菌病防治技术规范 (200771615186).
农业部. 高致病禽流感防治技术规范 (2007716151735).
农业部. 2005. 高致病性禽流感疫情处置技术规范 (试行).
农业部. 2006. 狂犬病防治技术规范.
农业部. 2009. 牛结核病防治技术规范.
农业部. 炭疽防治技术规范 (200771615205).
农业部. 猪链球菌应急防治技术规范 (2005).
农业部行业标准. 弓形虫病诊断技术 (NY/T 573—2002).
卫生部. 2006—2015 年全国重点寄生虫病防治规划.
卫生部. 2002. 肠出血性大肠杆菌 O157:H7 感染性腹泻应急处理预案 (试行).
卫生部. 2007. 结核病预防控制工作规范.
卫生部. 流行性乙型脑炎诊断标准 (WS214—2008).
卫生部. 2000. 全国肠出血性大肠杆菌 O157:H7 感染性腹泻监测方案 (试行).
卫生部. 2005. 全国人间布鲁氏菌病监测方案.
卫生部. 2009. 全国人感染猪链球菌病监测方案.
卫生部. 2005. 全国炭疽监测方案 (试行).
卫生部. 人感染猪链球菌病诊疗方案 (卫医发 [2006] 461 号).
卫生部. 炭疽病诊断治疗与处置方案 (卫医发 [2005] 497 号).
卫生部. 学校结核病防控工作规范 (试行) (卫办疾控发 [2010] 133 号).
卫生部. 血吸虫病预防控制工作规范 (卫疾控发 [2006] 439 号).
卫生部行业标准. 布鲁氏菌病诊断标准 (WS269—2007).
中华人民共和国国家标准. 布鲁氏菌病诊断标准及处理原则 (GB 15988—1995).
中华人民共和国国家标准. 动物布鲁氏菌病诊断技术 (GB/

T 18646—2002).

中华人民共和国国家标准．家畜日本血吸虫病诊断技术（GB/T 18640—2002).

中华人民共和国国家标准．流行性乙型脑炎诊断技术（GB/T 18638—2002).

中华人民共和国国家标准．日本血吸虫病诊断标准和处理标准(GB15977—1995).

中华人民共和国国家标准．猪囊尾蚴病诊断技术（GB/T18644—2002).

中华人民共和国国家标准．猪旋毛虫病诊断技术（GB/T 18642—2002).

中华人民共和国卫生部行业标准．布鲁氏菌病诊断标准（WS 269—2007).

http：//www. baidu. com

http：//www. who. int

http：//www. chinacdc. gov

中国畜牧兽医学会兽医公共卫生学分会第二次学术研讨会论文集．2010.